海事犯罪
―理論と捜査―

（代表）
中尾　巧・城祐一郎
竹中ゆかり・谷口俊男　共著

立花書房

はしがき

　海事・海難事件の捜査に必要な基礎知識を含め海事関係法令を平易に解説した上で，捜査実務の要点と犯罪事実の具体的な記載例を著した類書はほとんどないに等しい。かねてから海事・海難事件捜査に携わる多くの関係者のニーズに応えるハンディーな実務書の発刊が強く求められていた。

　最近，神戸区検副検事谷口俊男氏が，「海事犯罪について」及び「海事事件・海難事件の捜査上の基礎知識」と題する冊子を完成させた。津地検検事正岩永建保氏らから提供を受けた資料を基にした労作ではあるが，一部関係者の執務資料とされているにすぎない。

　また，平成19年6月に，漁業取締りの強化や違反防止などの観点から漁業法や水産資源保護法の一部改正（法律第77号）がなされた。平成21年7月には，海上交通安全法や港則法の一部改正（法律第69号）により，航路外での船舶に対する待機の指示に係る規定が創設されたほか，新たな航法の設定，船舶の安全な航行を援助するための措置に係る規定が整備されるとともに，罰金額の大幅な引上げなど，罰則についても強化されることになった。

　そこで，最新の法改正なども踏まえ，大阪地検堺支部長検事城祐一郎氏，大阪高検検事竹中ゆかり氏及び谷口氏と種々議論を重ね，上記冊子に大幅な修正・加筆を加えて海事犯罪捜査の実務的な手引書として本書を上梓することにした。

　本書は，体系的な理解ができるように意を用い，全体を3編で構成した。第1編「海事犯罪の概要」では，海事犯罪の概念や主体などについて概説した。第2編「海事関係法令の解説と犯罪事実の記載例」では，船舶法をはじめ海事関係法令につき簡潔に解説を加えた上で，海事事件の犯罪事実について，その具体的な記載例を示し，適宜，留意点などを明記した。第3編として「用語解説」を設けた。海事犯罪の捜査に当たっては特殊な専門用語が用いられることが多く，難解なものも少なくない。これらの点も考慮し，専

門用語については，50音順に集成して関係文献を引用しながら分かりやすく解説することにした。

　このような本書が海事犯罪の捜査実務の手引きとして広く活用されることを願ってやまない。

　本書の発刊に当たっては，㈱立花書房専務取締役白石政一氏及び同出版部本山進也氏には大変お世話になった。ここに記して厚く御礼申し上げる。

　平成22年4月

著者代表　中　尾　　巧

目　　次

第1編　海事犯罪の概要

第1章　海事犯罪とは……………………………………………………1

第2章　海事犯罪の捜査の主体…………………………………………2

第2編　海事関係法令の解説と犯罪事実の記載例

第1章　船舶法，小型船舶の登録等に関する法律及び小型漁船の
　　　　総トン数の測度に関する政令等

第1節　船舶法を中心とする船舶の登記・登録に関する法規の概要……5
第2節　船舶法違反の犯罪事実記載例…………………………………7
　1　国籍を詐るための国旗掲揚違反（22条1項）………………7
　2　他船舶の船舶国籍証書等使用（22条の2）…………………8
　3　外国船舶の不開港場寄港違反（23条，3条）………………8
　4　外国船舶の輸送違反（23条，3条）…………………………8
　5　船舶国籍証書未交付船舶航行（23条，6条）………………9
　6　船舶の不実登録（24条）………………………………………9
　7　国旗掲揚義務違反（26条，7条，施行細則43条）…………11
　8　船舶の標示違反（27条，7条，施行細則44条1項）………11
　9　臨検拒否（27条の2，21条の2）……………………………12
第3節　小型船舶の登録等に関する法律違反の犯罪事実記載例………12
　1　無登録船舶航行（36条，3条）………………………………12
　2　船舶の種類等の無許可変更（37条2号，9条1項）………12
　3　所有者の移転登録不申請（37条2号，10条1項）…………13
第4節　小型漁船の総トン数の測度に関する政令違反の犯罪事実記

　　　　載例…………………………………………………………………13
　　　　総トン数の測度不受（4条，1条1項）……………………13
　第5節　小型漁船の総トン数の測度に関する省令違反の犯罪事実記
　　　　載例…………………………………………………………………13
　　　　船舶の標示違反（5条，4条1項）………………………13

第2章　漁　船　法

第1節　漁船法の概要……………………………………………………15
　1　漁船法の目的……………………………………………………15
　2　漁船の定義………………………………………………………15
　3　漁船法と他の法令との関係……………………………………16
第2節　漁船法違反の犯罪事実記載例…………………………………18
　1　無登録漁船使用（53条1号，10条1項）……………………18
　2　登録票船内不備付（55条1号，15条）………………………19
　3　登録番号不表示（55条1号，16条，施行規則13条）………19
　4　変更不登録（55条1号，17条1項）…………………………20
　5　登録票未返納（55条1号，20条1項）………………………20

第3章　船舶安全法及び同法施行規則

第1節　船舶安全法等の概要……………………………………………22
　1　法の目的…………………………………………………………22
　2　船舶安全法の特徴………………………………………………22
　3　適用される船舶について………………………………………22
第2節　船舶安全法違反の犯罪事実記載例……………………………23
　1　満載吃水線抹消（17条）………………………………………23
　2　船舶検査証書等未受有船舶航行（18条1項1号，2号，2項，
　　　26条）……………………………………………………………23
　3　航行区域外航行（18条1項2号，2項）……………………25
　4　最大搭載人員超過搭載（18条1項4号，施行規則9条1項）……26
　5　満載吃水線超過載荷（18条1項5号，4項）………………27

6　無線電信等不備船舶航行（18条1項6号）……………………28
　　7　中間検査未受検船舶航行（18条1項7号，施行規則18条4項）……28
　　8　船舶検査証書等記載条件違反航行（18条1項8号）……………29
　　9　臨時検査不受検船舶航行（18条1項9号，5条1項3号，施行
　　　規則19条）……………………………………………………………30
　　10　船舶検査証書等不正取得（19条）…………………………………31
第3節　船舶安全法施行規則違反の犯罪事実記載例……………………32
　　1　船舶検査証書等船内不備置（68条1号，40条）…………………32
　　2　船舶検査済票不貼付（68条2号，42条3項）……………………32
　　3　船舶検査手帳船内不備置（68条3号，46条4項）………………33

第4章　船員法並びに船舶職員及び小型船舶操縦者法

第1節　船員法の概要………………………………………………………34
第2節　船員法違反の犯罪事実記載例……………………………………35
　　1　発航前検査違反（126条1号，8条）………………………………35
　　2　船長の甲板上指揮義務違反（126条1号，10条）………………35
　　3　救助義務違反（124条，13条）……………………………………36
　　4　非常配置表不掲示（126条1号，14条の3第1項）………………37
　　5　法定書類船内不備置（126条5号，18条1項）……………………37
　　6　航海日誌不記載（126条5号，18条1項3号，施行規則11条2項）
　　　……………………………………………………………………………37
　　7　上長に対する暴行，脅迫（127条）…………………………………38
　　8　年少者使用（129条，85条1項）……………………………………39
　　9　医療便覧の不備（130条，81条1項，施行規則54条）……………39
　　10　健康証明書の不保持（131条1号，83条1項）……………………40
　　11　労働条件不明示（131条1号，32条，135条，施行規則16条1項）……40
　　12　雇入契約等不届出（133条1号，37条1項，施行規則18条）………41
　　13　船員手帳の有効期限徒過（133条4号，50条3項，施行規則34条
　　　1項）………………………………………………………………………41
第3節　船舶職員及び小型船舶操縦者法の概要…………………………42

1　船舶職員及び小型船舶操縦者法の目的等……………………………42
　　2　船舶職員及び小型船舶操縦者法の対象となる船舶………………43
　　3　船舶職員及び小型船舶操縦者法における船舶職員……………43
　　4　船舶職員及び小型船舶操縦者法における海技士……………………44
　　5　船舶職員及び小型船舶操縦者法における小型船舶操縦士…………45
　　6　船舶職員及び小型船舶操縦者法における船舶職員の乗組みに関する基準及び小型船舶操縦者の乗船に関する基準………………………46
第4節　船舶職員及び小型船舶操縦者法違反の犯罪事実記載例…………50
　　1　有資格者を乗り組ませない罪・乗船させない罪……………………50
　　　(1)　大型船舶（30条の3第1号，18条1項，33条，施行令5条，別表第1）……………………………………………………………50
　　　(2)　小型船舶（30条の3第1号，23条の31第1項，施行令10条，別表第2）……………………………………………………………51
　　　(3)　特殊小型船舶（水上オートバイ）に有資格海技士を乗船させない罪，無資格者乗船の罪（30条の3第1号，23条の31第1項，31条1号，23条の33，施行令10条，別表第2）…………51
　　2　無資格者乗組み・乗船の罪……………………………………………52
　　　(1)　大型船舶（31条1号，21条1項，施行令5条，別表第1）……52
　　　(2)　小型船舶（31条1号，23条の33，施行令10条，別表第2）……53
　　　(3)　特殊小型船舶（水上オートバイ）（31条1号，23条の33，施行令10条，別表第2，）…………………………………………53
　　　(4)　特殊小型船舶（水上オートバイ）の船舶検査証書等未受有船舶航行（船舶安全法18条1項1号），有資格海技士を乗船させない罪（30条の3第1号，23条の31第1項），無資格者乗船の罪（31条1号，23条の33，施行令10条，別表第2）…………53
　　3　業務停止処分を受けた海技士等を乗り組ませた罪（30条の3第2号，10条1項）……………………………………………………54
　　4　業務停止処分違反（31条2号，10条1項）………………………55

第5章　海上交通安全法及び港則法等

第1節　海上における航行の安全に関する法規の概要……………………56
第2節　海上交通安全法違反の犯罪事実記載例………………………………58
　　1　航路外航行（41条，4条，施行規則3条）……………………………58
　　　⑴　明石海峡航路……………………………………………………58
　　　⑵　中ノ瀬航路………………………………………………………59
　　　⑶　伊良湖水道航路…………………………………………………60
　　2　速力違反（41条，5条，施行規則4条）……………………………60
　　3　明石海峡航路右側航行違反（41条，15条）…………………………61
　　4　備讃瀬戸北航路西行違反（41条，18条1項）………………………61
第3節　港則法違反の犯罪事実記載例…………………………………………62
　　1　危険物積載船舶の指定場所外停泊（38条1号，22条）……………62
　　2　危険物の無許可運搬（38条1号，23条4項）………………………62
　　3　法定区域外停泊（39条1号，5条1項，施行規則3条，別表第1）……………………………………………………………………63
　　4　びょう泊場所未指定停泊違反（39条2号，5条2項）………………63
　　5　航路外航行（39条1号，12条，施行規則8条，別表第2）…………63
　　6　航路内投びょう違反（39条1号，13条）……………………………64
　　7　船舶交通制限違反（39条1号，36条の3第1項，第4項，施行規則20条の2）……………………………………………………………64
　　8　停泊船舶の移動命令違反（39条3号，10条）………………………65
　　9　船舶交通の航泊禁止違反（39条3号，37条1項）…………………65
　　10　海難発生時の危険予防措置，報告義務違反（39条6号，25条）……66
　　11　漂流物等除去命令違反（39条5号，26条）…………………………66
　　12　港内におけるごみ放棄（39条4号，24条1項）……………………66
　　13　無許可作業（39条4号，31条1項）…………………………………67
　　14　入出港の届出義務違反（41条1号，4条，施行規則1条）…………68
　　15　散乱物脱落防止義務違反（41条2号，24条2項）…………………68
　　16　無許可いかだけい留等（41条2号，34条1項）……………………69
第4節　港湾法違反の犯罪事実記載例…………………………………………69
　　　港湾水域無許可占用（61条2項1号，37条1項1号，62条）………69

第5節　航路標識法違反の犯罪事実記載例…………………………………70
　　　　船舶けい留違反（16条，11条2項）………………………………70

第6章　漁　業　法　等

第1節　漁業法等の概要……………………………………………………71
　　1　漁業法の目的等………………………………………………………71
　　2　漁業等の定義…………………………………………………………71
　　3　漁業法の適用範囲……………………………………………………72
　　4　漁業権の意義と種類…………………………………………………72
　　5　入漁権…………………………………………………………………74
　　6　組合管理漁業権と経営者免許（自営）漁業権……………………74
　　7　漁業権行使権と漁業権行使規則……………………………………74
　　8　漁業に関する制限又は禁止…………………………………………75
第2節　漁業法等の漁業関係取締罰則の体系……………………………77
第3節　漁業法違反等の罰則の内容………………………………………78
　　1　無免許漁業（9条違反）……………………………………………78
　　2　無許可指定漁業（52条違反）………………………………………79
　　3　指定漁業無許可内容変更（61条違反）……………………………79
　　4　制限又は条件違反……………………………………………………79
　　5　法定知事無許可漁業（66条違反）…………………………………80
　　6　一般知事無許可漁業（65条1項違反）……………………………81
　　7　漁業権侵害（143条1項）…………………………………………81
　　8　漁業調整規則における操業違反……………………………………82
　　9　日本の領域内での外国人漁業に対する処罰………………………83
　　10　排他的経済水域での外国人の漁業に対する処罰…………………83
第4節　漁業法違反の犯罪事実記載例……………………………………83
　　1　無免許漁業（138条1号，9条）…………………………………83
　　2　漁業権の貸付け（141条1号，145条，29条）…………………84
　　3　無許可指定漁業（138条4号，52条1項，漁業法第52条第1項
　　　　の指定漁業を定める政令1項2号）………………………………85

目　次　xi

　　4　指定漁業無許可内容変更（138条5号，61条）……………………85
　　5　指定漁業の許可の制限又は条件違反（138条2号，36条1項）……86
　　6　無許可操業（138条6号，65条1項）……………………………86
　　7　無許可による法定知事許可漁業操業（138条7号，66条1項）……86
　　8　漁業権侵害（143条1項）……………………………………87
　　9　漁業監督官の検査，質問拒否（141条2号，74条3項）…………88
　　10　漁業監督吏員の検査拒否（141条2号，74条3項）………………88
第5節　指定漁業の許可及び取締り等に関する省令（昭和38年農林
　　　省令5号）違反の犯罪事実記載例………………………………89
　　1　許可証不備付（108条1号，15条）……………………………89
　　2　許可番号不表示（108条1号，16条1項）……………………89
　　3　操業制限違反（106条1項1号，17条，平成5年農林省告示
　　　322号）……………………………………………………89
第6節　漁業調整規則違反の犯罪事実記載例……………………………90
　　1　許可の制限又は条件違反……………………………………90
　　2　許可の内容違反……………………………………………92
　　3　採捕期間制限違反…………………………………………92
　　4　全長等の制限違反…………………………………………93
　　5　禁止漁法……………………………………………………93
　　6　禁止区域操業………………………………………………93
　　7　禁止期間，禁止区域操業……………………………………94
　　8　非漁民等の漁具漁法の制限違反……………………………94
第7節　水産資源保護法違反の犯罪事実記載例…………………………94
　　　爆発物使用（36条2号，5条）………………………………94
第8節　小型機船底びき網漁業取締規則違反の犯罪事実記載例…………95
　　1　禁止海域，禁止期間（10条1項1号，2条1項）………………95
　　2　禁止漁具（10条1項1号，4条2項）…………………………96
第9節　外国人漁業の規制に関する法律違反の犯罪事実記載例…………96
　　1　漁業等の違反（9条1項1号，3条1号）……………………96
　　2　転載禁止違反（9条1項4号，6条1項）……………………96

第10節　排他的経済水域における漁業等に関する主権的権利の行使
　　　　等に関する法律違反の犯罪事実記載例…………………………97
　　外国人の漁業の禁止（18条1号，4条1項1号）………………97

第7章　漁業法等以外の産業関係法規

第1節　砂利採取法違反の犯罪事実記載例……………………………98
　1　無登録事業（45条1号，3条）……………………………………98
　2　無認可採取（45条3号，16条）……………………………………98
　3　遵守義務違反（45条3号，21条，47条）…………………………98
第2節　内航海運業法違反の犯罪事実記載例…………………………99
　　無許可内航運送業（30条1号，3条1項，33条）…………………99

第3編　用　語　解　説

　　あ行　102／か行　111／さ行　135／た行　156
　　な行　165／は行　166／ま行　175／や行　180
　　ら行　181
　　付録　186

凡　例

略　語	文献・著者・出版社
上野・Q＆A	船と海のＱ＆Ａ（上野喜一郎著）成山堂書店（平成18年新訂7版）
金田・漁業法	新編漁業法詳解（金田禎之著）　成山堂書店（平成20年増補3訂版）
瀬戸内漁業	瀬戸内海の漁業　瀬戸内海水産開発協議会（平成11年）
上垣・船安法	注釈特別刑法第6巻Ⅱ（伊藤榮樹ほか編のうち）船舶安全法（上垣猛執筆）立花書房（平成6年〔新版〕）
水産庁・漁業調整	都道府県漁業調整規則の解説（水産庁監修）新水産新聞社（昭和57年3版）
操船の基礎	操船の基礎（橋本進・矢吹英雄共著）海文堂出版（平成13年3版）
三井・海と船	海と船のいろいろ（大阪商船三井船舶広報室営業調査室共編）成山堂書店（平成10年3版）
図説海事概要	図説海事概要（海事実務研究会編）海文堂出版（平成19年第17刷版）
図説予防法	図説・海上衝突予防法（福井淡著）海文堂出版（平成19年第17版）
予防法100問	海上衝突予防法100問100答（海上保安庁交通部安全課監修）成山堂書店（平成19年2訂版）
予防法の解説	海上衝突予防法の解説（海上保安庁監修）海文堂出版（平成19年改訂7版）
図説港則法	図説港則法（福井淡著）海文堂出版（平成20年改訂11版）
港則法100問	港則法100問100答（海上保安庁交通部安全課監修）成山堂書店（平成20年3訂版）
港則法の解説	港則法の解説（海上保安庁監修）海文堂出版（平成20年

		第13版)
鈴木・古賀・内航海運		現代の内航海運（鈴木暁・古賀昭弘著）成山堂書店（平成19年初版）
松田・船安法		船舶安全法　研修（340号〜344号，松田紀元著）法務総合研究所
神宮・船職法		船舶職員法・研修（368号〜376号，神宮壽雄著）法務総合研究所
窪田・船員法		船員法・研修（385号〜391号，窪田四郎ほか著）法務総合研究所
須賀・研修		研修（685号〜695号，須賀正行著）法務総合研究所
清野・研究		法務研究報告書49集1号　罰則を中心とした漁業関係法規の研究（検事清野惇著）法務総合研究所
荒木・研究		法務研究報告書60号2号　海上交通事犯に関する研究（検事荒木紀男著）法務総合研究所
中野・研究		法務研究報告書67集2号　罰則を中心とした海事関係法令の研究（検事中野佳博著）法務総合研究所
海上警備		海上警備（海上刑事）　海上保安庁警備救難課編集機関誌
海保・資料		海上保安庁　執務資料

第1編　海事犯罪の概要

第1章　海事犯罪とは

　海事犯罪とは，海事法規に違反する行為全般をいう。

　海事法規では，陸上とは異なった危険に対処するための規制，また，海運業，漁業等に従事する者らの職務の特性に応じた規制，更には，船舶の財産的価値などに着目しての規制など，様々な角度からの法規制がされている。

　具体的には，まず，船舶の国籍，その所有権に関する登記や登録等に関し，その全般を規制する法律として，「船舶法」が定められている。特に，小型船舶については，その所有権の公証のための登録に関する制度等のために「小型船舶等の登録等に関する法律」が定められ，また，漁船に関しては，その登録や検査に関する規制等を含めて「漁船法」にその定めが設けられている。

　次に，船舶の安全な航行ができ得る船舶の施設等の規制に関しては，「船舶安全法」がこれを定めている。主に，船舶が安全に航海でき，人命の安全を保持できるような施設を設けることなどについて規定している。そして，船舶に乗り組む者の資格及び員数等に関しては，「船員法」や「船舶職員及び小型船舶操縦者法」がその規制を行っている。

　また，海上交通の安全に関する規則を定める法規として，「海上衝突予防法」，「海上交通安全法」，「港則法」，「航路標識法」，「港湾法」などがある。

　さらに，海上等での産業に関する法規制として，「砂利採取法」，「内航海運業法」，「漁業法」などがある。中でも，漁業に関しては，様々な規制があり，その違反態様にも種々のものがあることから，単に，漁業法だけではなく，各都道府県による漁業調整規則等にも幅広く罰則規定が設けられている。

　本書では，このような観点から，例えば，航行中の船舶の中で起きた殺人事件，船舶同士の衝突事故で人が死亡した場合の業務上過失致死傷事件など

については，海事犯罪として取り扱わないこととした。

第2章　海事犯罪の捜査の主体

1　海事犯罪を捜査するのは，主として，海上保安庁に所属する海上保安官である。

　刑事訴訟法では，189条2項において，「司法警察職員は，犯罪があると思料するときは，犯人及び証拠を捜査するものとする。」と規定していることから，一般司法警察職員である警察官は，事物に関する管轄の制限を受けず，あらゆる犯罪について犯罪捜査ができることとなっている。

　したがって，海事犯罪についても，警察官は，同様に捜査できるが，同法190条では，「森林，鉄道その他特別の事項について司法警察職員として職務を行うべき者及びその職務の範囲は，別に法律でこれを定める。」として，特別司法警察職員を設けることを規定している。これは，それらの職務遂行上，犯罪発見の機会が多く，その職務上の知識を利用するのが犯罪捜査に便宜であることを考慮したものである。そのほか，職務を行う地域の特殊性などから一般司法警察職員による捜査に適さない場合があることなどの理由も挙げられる。

　そのため，この規定に基づき，海上保安庁法31条では，「海上保安官及び海上保安官補は，海上における犯罪について，海上保安庁長官の定めるところにより，刑事訴訟法の規定による司法警察職員として職務を行う。」と規定されている。

　したがって，海上における犯罪については，単に，海事犯罪にとどまらず，それが薬物の密輸事件などであっても，「海上における犯罪」である限り，海上保安官はその捜査をすることができる。

　なお，海上保安庁長官は，昭和24年海上保安庁告示33号により，「海上における犯罪について，一等海上保安士(注)以上の海上保安官は刑事訴訟法の規定による司法警察員として，二等海上保安士以下の海上保安官及び海上保安官補は同法の規定による司法巡査として職務を行う。（後略）」と定めている。

　　（注）　海上保安官の階級は，一等ないし三等海上保安監，一等ないし三等保安正，

一等ないし三等海上保安士であり，海上保安官補の階級は，一等ないし三等海上保安士補となっている（海上保安庁法14条2項，同法施行令9条）。

2　海事犯罪に関するその余の特別司法警察職員としては，船員労務官や漁業監督官・漁業監督吏員などがある。

まず，船員法108条は，「船員労務官は，この法律，労働基準法及びこの法律に基づいて発する命令の違反の罪について，刑事訴訟法に規定する司法警察員の職務を行う。」と定めている。船員労務官は，国土交通省の職員の中から国土交通大臣によって任命され，船員法及び労働基準法の施行に関する事項をつかさどる（船員法105条）。船員労務官は，船舶所有者等に対し，出頭を命じ，帳簿書類を提出させ，報告をさせ，又は質問し，船舶等に立ち入る等の権限を有する（船員法107条）ほか，最低賃金法及び賃金の支払の確保等に関する法律の船員についての適用施行に関しても，同様の権限を有する（最低賃金法40条，賃金の支払の確保等に関する法律16条，12条，13条）。

この船員労務官の職務の範囲は，船員法，労働基準法，船員に関する最低賃金法，賃金の支払の確保等に関する法律，船員法に基づいて発せられる命令に基づくものに限られる。したがって，船員労務官が捜査できるのは，それらの法律や命令に違反する罪に限られることになり，それらの罪と併合罪の関係にある他の犯罪はもちろんのこと，その罪と観念的競合又は牽連犯の関係にある罪についても，捜査権を行使することが許されないと解されている（「大コンメンタール刑事訴訟法」第3巻48ページ：藤永幸治ほか）。

次に，漁業監督官・漁業監督吏員は，漁業法74条5項に規定されており，「漁業監督官及び漁業監督吏員であってその所属する官公署の長がその者の主たる勤務地を管轄する地方裁判所に対応する検察庁の検事正と協議をして指名したものは，漁業に関する罪に関し，刑事訴訟法の規定による司法警察員として職務を行う。」とされている。

この漁業監督官及び漁業監督吏員が司法警察員として行う職務の範囲は，漁業に関する罪に限られる。そして，これらの者は，必要があると認めるときは，漁場，船舶，事業場，事務所，倉庫等に臨んで，その状況若しくは帳簿書類その他の物件を検査し，又は関係者に対し質問をすることができる

（漁業法74条3項）。

3 その他に活動の実績はほとんどないと思われるが，船長その他の船員も特別司法警察員になることが定められている。

これは，司法警察職員等指定応急措置法と大正12年勅令第528号（司法警察官吏及び司法警察官吏ノ職務ヲ行フヘキ者ノ指定等ニ関スル件）によるものである。同法第1条は，「森林，鉄道その他特別の事項について司法警察職員として職務を行うべき者その職務の範囲は，他の法律に特別の定めのない限り，当分の間司法警察官吏及び司法警察官吏の職務を行うべき者の指定等に関する件（大正12年勅令第528号）の定めるところによる。（後略）」と定めており，その勅令は，6条1項において，「遠洋区域，近海区域又ハ沿海区域ヲ航行スル総噸数20噸以上ノ船舶ノ船長ハ其ノ船内ニ於テ刑事訴訟法248条ニ規定スル司法警察官ノ職務ヲ行フ」と定めている。前記応急措置法の規定による読替えなどをすると，要するに，遠洋区域，近海区域又は沿岸区域を航行する総トン数20トン以上の船舶の船長は，その船舶内において司法警察員として職務を行うということになる。また，前記勅令6条2項においては，甲板部などの職員のうちの上位者は，司法巡査としての職務を行うこととなっている。

これは，遠洋区域等を航行する船舶については，一般司法警察職員の捜査活動が及び難いことによると解されている。しかしながら，上記の条件に該当する船舶は，相当な数に上ると思われるところ，実際には，それら船舶の船長が特別司法警察員として捜査に及ぶことはほとんどない（前出「大コンメンタール刑事訴訟法」第3巻57ページ）。

第2編　海事関係法令の解説と犯罪事実の記載例

第1章　船舶法，小型船舶の登録等に関する法律及び小型漁船の総トン数の測度に関する政令等

第1節　船舶法を中心とする船舶の登記・登録に関する法規の概要

　船舶法は，日本船舶に対する行政監督などの目的で制定された法律であり，日本船舶となるための要件を明らかにし，船舶の総トン数等船舶の個性を識別するために必要な事項の登録及び船舶国籍証書などのほか，船舶の航行に関する行政上の取締り等についても規定している。この法律は，船舶に関する基本法として海事行政上重要な意義をもっている。その細則については船舶法施行細則で定められている。

　まず，船舶の定義については，船舶法等では特に定められていないことから，社会通念に従って決せられることになるが，「物の浮揚性を利用して，水上を航行する用に供される一定の構造物をいう。」（最新海事法規の解説（21訂版）4ページ：運輸省海事法規研究会著）との見解が相当であろう。

　そして，わが国は，船舶の公示制度に関して，私法上の権利関係の公示を目的とする登記制度及び行政上の監督を主な目的とする登録制度の二元主義を採っている（なお，仏国は我が国と同様に二元主義であるが，英国のように両者を一元化している国もある。）。

　具体的には，総トン数20トン以上の日本船舶は，日本で船籍港を定め，船籍港を管轄する登記所（法務局）において船舶登記を済ませた後，船籍港を管轄する管海官庁（運輸局及びその支局）に備えた船舶原簿への登録手続をすることになっている（船舶法5条1項）。この登録がなされると管海官庁から船舶国籍証書が交付されるところ（同条2項），交付された同証書は受有して船内に備え置くことが義務づけられている（船員法18条1項1号）。

　これに対し，総トン数20トン未満の船舶は，これまで国籍証書や登記等は

不要であったが（船舶法20条において，総トン数20トン未満の船舶等に対しては，同法における登録手続等の適用を除外している。），平成14年7月1日から，小型船舶の所有権を公証する制度として「小型船舶の登録等に関する法律」（以下，「小型船舶登録法」という。）が施行され，小型船舶の登録が義務化された[注2]。

小型船舶登録制度は，平成11年度末における小型船舶の全国保有隻数が約50万隻となり，放置艇や公共水面における不法投棄の防止，信用販売の円滑化などから法制化されたものであり，自動車の車両登録制度と類似の制度である。従前，小型船舶検査機構が船舶安全法に基づく小型船舶の船舶検査を行っていたことから，同登録測度事務についても同機構に行わせることとなった。これにより，登録を受けた小型船舶の得喪は，登録を受けなければ第三者に対抗することができない（小型船舶登録法4条）こととなった。

また，小型船舶の所有者は，小型船舶登録簿に登録を受けなければ航行の用に供することができなくなった（同法3条）。これ以外にも所有者には，船舶番号の表示義務（同法8条），変更登録義務（同法9条），抹消登録義務（同法12条），新所有者の移転登録義務（同法10条）などが課せられることとなった。なお，登録がなされた小型船舶については，誰でも「登録事項証明書」の交付を請求することができる（同法14条）。

そして，小型船舶登録法の施行に併せて，「小型船舶の船籍及び総トン数の測度に関する政令」，「小型船舶の船籍及び総トン数の測度に関する省令」が，それぞれ「小型漁船の総トン数の測度に関する政令」，「小型漁船の測度に関する省令」と題名が改められ，小型漁船に関する規定を定める政令等として改正が行われた。このため，「小型船舶の船籍及び総トン数の測度に関する政令」により交付されていた船籍票は廃止された（当時，小型船舶は，船籍票を受有しなければ，船舶を航行の用に供することはできないとされていた。）。

漁船（総トン数1トン未満の無動力漁船を除く）に関しては，漁船法10条以下により，その主たる根拠地を管轄する都道府県知事の備える漁船原簿に登録し，登録票の交付を受けねばならず，また，運航等に当たっては，漁船の船内にその登録票を備え付けておかなければならないとされている。

ところで，漁船については，総トン数20トン以上であれば，船舶法の適用を受けるが（船舶法20条の反対解釈），これが20トン未満であっても，基本的には，小型船舶登録法の適用を受けないものの（小型船舶登録法2条1号），漁船法22条により，小型船舶登録法及び小型漁船の総トン数の測度に関する政令の中で，船舶の総トン数の測度及び船名の標示に関する部分だけは，例外的に適用されることとなっている。

　したがって，日本船舶の大半は，船舶法，小型船舶の登録等に関する法律及び漁船法によって，登録，あるいは漁船登録等の制度に服することなっている。

　　（注1）　「総トン数」とは，「船の大きさ」を表すもので，「船の重さ」を表すものではない。したがって，船の材質が，鋼であっても，FRPであっても，まったく同じ形状であれば，重さは違うものの，大きさが同じであることから，同じ総トン数になる。総トン数は，船舶の囲われた場所（閉囲場所）の容積に規則で定められた係数を乗じて算定する。目安としては，総トン数1トンは概ね6立方メートルである（以上，日本小型船舶検査機構ホームページによる。）。
　　（注2）　小型船舶登録法にいう「小型船舶」とは，総トン数20トン未満の日本船舶のうち，①漁船法第2条1項に規定する漁船，②ろかい又は主としてろかいをもって運転する舟，係留船その他国土交通省令で定める船舶を除いた船舶である（小型船舶登録法2条）。

第2節　船舶法違反の犯罪事実記載例

1　国籍を詐るための国旗掲揚違反（22条1項　2年以下の懲役又は100万円以下の罰金）

　　被疑者は，○○国に国籍を有する船舶○○丸（総トン数○○トン）に船長として乗り組んでいるものであるが，法定の除外事由がないのに，国籍を詐る目的をもって，平成○○年○○月○○日午後○○時○○分ころ，○○市○区○○町の○○港内において，同船の船尾旗竿に，日本の国旗を掲げて航行したものである。

　　（注1）　日本船舶ではないことを明記しなければならない。船舶にも国籍があり，日本船舶の定義は船舶法1条にある。
　　（注2）　同法22条2項により「船舶ガ捕獲ヲ避ケントスル目的ヲ以テ」する場合には，これが許される。

（注3）　船舶が国旗を後部に掲げる場合については，船舶法施行細則43条参照。
　（注4）　逆に，日本船舶が，外国の旗章を揚げた場合にも同様に処罰される（同法22条3項）。

2　他船舶の船舶国籍証書等使用（22条の2　2年以下の懲役又は100万円以下の罰金）

　被疑者は，汽船○○丸（総トン数○○トン）に船長として乗り組んでいるものであるが，国土交通省○○運輸局検査官の臨検に際して呈示する目的をもって，平成○○年○○月○○日午後○○時ころ，○○灯台より真方位○○度，約○○メートルの海上において，××丸（総トン数○○トン）の船舶国籍証書を上記○○丸の船内に備え置いてこれを航行させたものである。

3　外国船舶の不開港場寄港違反（23条，3条　2年以下の懲役又は100万円以下の罰金）

　被疑者は，○○国籍(注1)の貨物船○○丸（総トン数○○トン）に船長として乗り組んでいるものであるが，法定の除外事由がない(注2)のに，平成○○年○○月○○日午後○○時○○分ころから同日午後○○時○○分ころまでの間，開港でないことを知りながら，○○県○○郡○○村字○○地先東方約○○メートルの海上に同船を停泊させ，もって，同船を不開港場(注3)に寄港させたものである。

　（注1）　日本船舶以外であることを明らかにする。
　（注2）　同法3条ただし書により，海難等を避ける場合などは除かれる。
　（注3）　「不開港」とは，港，空港その他これらに代わり使用される場所で，開港及び税関空港以外のものをいう（関税法2条1項13号）とされている。これに対し，「開港」とは，貨物の輸出及び輸入並びに外国貿易船の入港及び出港その他の事情を勘案して政令で定める港をいう（同条11号）とされている。要するに，「開港」以外の港，その他これに代わって使用されている場所であれば，これが港の形態を整えていなくても，「不開港場」に該当することとなる。

4　外国船舶の輸送違反（23条，3条　2年以下の懲役又は100万円以下の罰

金)

　被疑者は，○○国籍の貨物船○○丸（総トン数○○トン）に船長として乗り組んでいるものであるが，法定の除外事由がないのに(注)，平成○○年○○月○○日，○○県○○市○○港において，旅客である○○ほか○○名から運送の依頼を受けて同人らを同船に乗船させ，同日午後○○時ころ同港を出港し，翌○○日午前○○時ころ○○県○○市○区○○港に入港し，もって，本邦内の各港間において旅客の運送をしたものである。

　（注）　前記3の（注2）参照のこと。

5　船舶国籍証書未交付船舶航行（23条，6条　2年以下の懲役又は100万円以下の罰金）

　被疑者は，日本船舶(注1)○○丸（総トン数○○トン）に船長として乗り組んでいるものであるが，法定の除外事由がないのに(注2)，平成○○年○○月○○日から同月○○日までの間，○○県○○市○○港から○○県○○市○○港まで，船舶国籍証書又は仮船舶国籍証書の交付を受けていない(注3)同船を航行させたものである。

　（注1）　日本船舶であることが構成要件である。
　（注2）　船舶法施行細則4条により，船舶安全法施行規則の規定により，臨時運航許可証を受けている場合などが除かれるから。
　（注3）　船舶法6条の条文上は，「請受け」という言葉が使われているが，この用語は，現代離れをしているので，同法5条で用いられている「交付」という言葉を使用した。

6　船舶の不実登録

(1)　24条　2月以上3年以下の懲役

　被疑者は，汽船○○丸（総トン数○○トン）の所有者であるが，平成○○年○○月○○日，○○市○○区○○町○番地所在○○地方運輸局において，同船の登録申請に当たり，同船の総トン数は××トンである旨虚偽の内容を記載した船舶登録申請書を同局係員○○○○に提出して同係員を欺

き，即日同所において，同係員をして船舶原簿にその旨不実の記載をさせ，もって，不実の登録をさせたものである。^(注)

> （注）　船舶法24条違反が成立する場合，通常，同時に刑法の公正証書原本不実記載罪も成立するはずであるが，船舶法の不実登録罪は，一般法である刑法の特別法になるものと考えられ，したがって，この場合，刑法158条の適用は排除されると考えられる。

(2)　24条，刑法157条，158条

　被疑者甲は○○株式会社の代表取締役，同乙は同会社の下請業者である○○協同組合の理事長，同丙は被疑者甲の義弟で，丁とともに日本船舶○○丸（総トン数○○トン）を共有しているものであるが，被疑者甲，同乙及び同丙の3名は共謀の上

① 平成○○年○○月○○日ころ，○○市○区○○町○番地所在の○○法務局において，同局登記官○○○○に対し，被疑者丙及び前記丁の両名がその共有にかかる同船舶を前記○○会社に売却した事実がないのに，上記両名が同○○年○○月○○日同船舶を上記会社に売り渡した旨虚偽の登記申請をし，情を知らない前記○○登記官をして，同局備え付けの船舶登記簿の原本にその旨不実の記載をさせた上，即時同所にこれを備え付けさせて行使し

② 同○○年○○月○○日ころ，同市同区○○町○○地方運輸局において，運輸事務官○○○○に対し，前記1記載のとおり，不実の記載をさせた船舶登記簿謄本などを提出するなどして被疑者丙及び丁所有の前記船舶を○○会社に所有権移転する旨の虚偽の登録申請をし，情を知らない上記運輸事務官○○をして，同局備え付けの船舶原簿にその旨不実の記載をさせ，もって，不実の登録をさせ^(注)

たものである。

> （注）　船舶法の不実登録罪は，通常，行使が伴うものであるところ，同罪のみで行使罪が敢えて規定されていないことから，船舶法の趣旨としては，不実登録罪において行使罪をも含めてすべて評価されているものを考えられ，これが一般法である刑法の特別法になるものと考えられることから，この場合には，不実公正証書

原本行使罪の刑法158条の適用も排除される。

7 国旗掲揚義務違反（26条，7条，同法施行細則43条　50万円以下の罰金）

　被疑者は，日本船舶の貨物船○○丸（総トン数○○トン）に船長として乗り組んでいるものであるが，平成○○年○○月○○日午後○○時○○分ころ，○○県○○郡○○町○○岬東方○○メートルの海上を航行中，同所付近海域を巡視警戒中の○○海上保安部所属船「○○」から手旗信号及び拡声器で国旗を掲げるように要求されたのに，これに従わず，同船後部に日本国旗を掲げなかったものである。

　（注）　船舶法施行細則43条に国旗を船舶の後部に掲げるべき場合が列挙されている。

8 船舶の標示違反

(1) 27条，7条，29条1項，同法施行細則44条1項2号　50万円以下の罰金

　被疑者は，日本船舶の汽船○○丸（総トン数○○トン）の船舶管理人であるが，同汽船の所有者の業務に関し，法定の除外事由がないのに，平成○○年○○月○○日午前○○時○○分ころ，○○市○○区○○町○○灯台から南方約○○メートルの海上を航行中，同船の中央部船梁その他適当な所に，船舶の番号及び総トン数を彫刻せず，又はこれを彫刻した板を釘著せず，もって，法令の定める事項を標示しなかったものである。

　（注1）　船舶管理人の処罰は，29条1項の「行為者ヲ罰スル」という規定による。
　（注2）　船舶法20条，船舶法施行細則44条2項，3項
　（注3）　標示すべき事項とその方法は船舶法施行細則44条1項に定めてある。

(2) 27条，7条，同法施行細則44条1項1号，3号　50万円以下の罰金

　被疑者は，日本船舶の汽船○○丸（総トン数○○トン）の船舶所有者であるが，法定の除外事由がないのに，平成○○年○○月○○日午前○○時○○分ころ，○○市○区○○町○○港内岸壁に同船を接岸中，同船の船尾

外部の見やすい場所に船籍港名を，船首及び船尾の外部両側面において喫水を示すための喫水尺度を記載せず，もって，法令の定める事項を標示しなかったものである。

9 臨検拒否（27条の2，21条の2　30万円以下の罰金）

　被疑者は，日本船舶の汽船○○丸（総トン数○○トン）に船長として乗り組んでいるものであるが，平成○○年○○月○○日午後○○時○○分ころ，○○市○○区○○町の○○港内に停泊中の同船内において，○○運輸局検査官○○○○が船舶の総トン数等に関し同船を臨検しようとした際，同検査官の船内倉庫への立入りを拒否し，もって，臨検を拒んだものである。

第3節　小型船舶の登録等に関する法律違反の犯罪事実記載例

1　無登録船舶航行（36条，3条　6月以下の懲役又は30万円以下の罰金）
　被疑者は，日本船舶の○○丸（注1）（総トン数○○トン）の所有者であるが，法定の除外事由がないのに（注2），平成○○年○○月○○日午後○○時○○分ころ，○○県○○市○○港内において，小型船舶登録原簿に登録を受けていない同船を，自ら操船して航行の用に供したものである（注3）。

（注1）　小型船舶である○○丸とする書き方もある。
　　　　小型船舶の登録を行うと，小型船舶検査機構から「登録事項通知書」により通知がなされる。
（注2）　小型船舶登録法3条ただし書きにより，臨時航行として国土交通省が定める場合は除外される。
（注3）　同法21条により，国土交通大臣は小型船舶検査機構に小型船舶の登録及び測度に関する事務を行わせている。

2　船舶の種類等の無許可変更（37条2号，9条1項　30万円以下の罰金）
　被疑者は，登録小型船舶である汽船○○丸（注1）（総トン数○○トン）の所有者であるが，平成○○年○○月○○日，その船名を×××丸と変更したにもかかわらず，同日から15日以内に，国土交通大臣に対し，登録事項の変更登録（注2）の申請をしなかったものである。

(注1) 新規登録を受けた小型船舶のことをいう（小型船舶登録法9条1項）。
(注2) 登録事項については，同法6条2項参照。

3 所有者の移転登録不申請（37条2号，10条1項　30万円以下の罰金）

　被疑者は，登録小型船舶である汽船〇〇丸（総トン数〇〇トン）の所有者であるが，平成〇〇年〇月〇日，前所有者である〇〇〇〇から買い受けて，その新所有者（注）となったにもかかわらず，同日から15日以内に国土交通大臣に対し，移転登録の申請をしなかったものである。

　（注）　本法違反の主体は，新所有者である。

第4節　小型漁船の総トン数の測度に関する政令違反の犯罪事実記載例

総トン数の測度不受（4条，1条1項　20万円以下の罰金）

　被疑者は，小型漁船〇〇丸（総トン数〇〇トン）の所有者であるが（注1），法定の除外事由がないのに（注2），あらかじめ，当該船舶の所在する場所をその区域とする都道府県を統括する都道府県知事又は当該船舶の存在する場所を管轄する国土交通省令で定める行政官庁の行う船舶の総トン数の測度を受けないで，平成〇〇年〇〇月〇〇日午後〇〇時〇〇分ころ，〇〇県〇〇市〇〇灯台から真方位〇〇度，約〇〇キロメートル付近海上において，同船を航行の用に供したものである（注3）。

（注1）　本違反の主体は，所有者である。
（注2）　同政令1条2項が適用除外となる。
（注3）　本違反は，上記船舶を航行の用に供することは要件とされていないが，違反
　　　時の行為態様を表すために記載したものである。

第5節　小型漁船の総トン数の測度に関する省令違反の犯罪事実記載例

船舶の標示違反（5条，4条1項，罰金等臨時措置法2条1項　2万円以下の罰金）

　被疑者は，〇〇県知事から，動力漁船登録票（注1）の交付を受けている漁船〇

14　第1章　船舶法,小型船舶の登録等に関する法律及び小型漁船の総トン数の測度に関する政令等

○丸（総トン数○○トン）(注2)の所有者であるが，法定の除外事由がないのに(注3)，平成○○年○○月○○日午後○○時○○分ころ，○○県○○市○○灯台から真方位○○度，約○○キロメートル付近海上において，同船船首両舷にその船名を外部から見易いように標示していない同船を，自ら操縦して航行の用に供したものである(注4)。

（注1）　漁船原簿に登録されると，漁船法12条により都道府県知事から動力漁船登録票が交付される。
　　　　　漁船とは，漁船法2条で規定され，もっぱら漁業に従事する船舶等を指すものとされている。また，同法10条1項により，総トン数1トン未満の無動力漁船を除くすべての漁船が対象となる。
（注2）　本違反の主体は，所有者である。
（注3）　同省令4条1項ただし書きによる。
（注4）　本違反は，上記船舶を航行の用に供することは要件とされていないが，違反時の行為態様を表すために記載したものである。

第2章　漁　船　法

第1節　漁船法の概要

1　漁船法の目的

　漁船法は，漁船の建造を調整し，漁船の登録及び検査に関する制度を確立し，かつ，漁船に関する試験を行い，もって，漁船の性能の向上を図り，あわせて漁業生産力の合理的発展に資することが目的とされている（1条）。

　すなわち，漁業生産力の合理的発展を図るためには，無秩序な漁業活動の規制を必要とする場合もあると考えられることから，漁船法は，漁船建造の調整と漁船登録の2つ制度を設け，そこで漁船に関する調整を行っている。この登録制度は，漁船以外の船舶に対する船舶法の登録制度に対応するものである。

2　漁船の定義

(1)　漁船法2条に漁船の定義が示されている。すなわち，①もっぱら漁業に従事する船舶等を指すもの，②漁業に従事する船舶で漁獲物の保蔵又は製造の設備を有するもの，③もっぱら漁場から漁獲物又はその製品を運搬する船舶，④もっぱら漁業に関する試験，調査，指導若しくは練習に従事する船舶又は漁業の取締に従事する船舶であって漁ろう設備を有するものをいうとされているが，ここでいう漁船は，当然，日本船舶であることを要する。

　　遊漁船は，漁船法上の「漁船」ではないことに注意を要する。「遊漁船」とは，遊漁，つまり旅客がつり等により魚類その他の水産動植物を採捕する用に供されるために使用される船舶であって，漁業を目的としない船舶であるからである。

　　このように，遊漁船は，「漁船」ではないことから，運行供用時等における登録票の備付け義務，登録番号表示義務等を課すことはできないし，これらをしなくても漁船法違反にはならない。

(2)　「漁船」が非漁業業務に使用された場合において，漁船法及び小型船舶登録法の適用の問題について検討する。

「漁船」が貨物又は旅客運送のような非漁業業務に使用された場合，当該漁船が漁船法上の「漁船」に該当するかどうか問題となる。つまり，小型船舶登録法における小型船舶登録原簿への登録に関する規定は，総トン数20トン未満の日本船舶のうち，漁船法上の「漁船等」を除く船舶に適用されるため，この場合の漁船に対し，登録原簿不登録を理由として無登録船舶航行供用の罪を適用できるか否かの問題が生じるからである。

非漁業業務に使用された「漁船」を漁船法上の「漁船」と解釈できるかどうかにつき，水産庁生産部長発各都道府県水産主務部長あて「漁船の定義の解釈について」（昭和38年8月2日）によれば，「同法全体の趣旨にかんがみるに，漁船の範囲を漁業その他関連業務の通常の意味での専業船に限ろうとするものであって，部分的な他目的使用の場合を，その軽微なものに至るまで，あくまで厳格に排除しようとするものではない。他目的使用があっても，それが社会通念上主目的使用に対して臨時的なもの，あるいは著しく軽度のものであると認められる場合は，漁船としての性格を失わず，漁船登録の効力は持続する。」とされている。この見解によれば，たまたま非漁業に使用されたとしても「漁船」の資格を失うものではなく，漁船登録は失効せず，当該船舶は，漁船法の罰則の適用上は，「漁船」として取り扱われることになる（中野・研究112ページ）。

すなわち，この見解によれば，漁船の資格を失わない場合として，漁船を臨時に旅客又は貨物の輸送に使用する場合（例えば，祭礼の観光客を乗船させるなど），運搬漁船を臨時に港間における漁獲物運搬に使用する場合，小型船舶を農作業期に農耕用資材の運搬に使用する場合，交通不便な土地で漁船に近隣の人を便乗させたり，漁船で貨物の寄託を受けたりする場合などが挙げられることとなる。

3　漁船法と他の法令との関係

(1)　船舶法との関係

船舶法は，20トン以上の船舶に対して船舶国籍証書の取得や船舶原簿

への登録，総トン数の測度申請等の諸制度を課しているのに対し，20トン未満の船舶に対しては，前記制度を適用せず（同法20条），小型船舶登録法等によって，測度等につき別途の制度を設けている。しかしながら，20トン未満であっても漁船法2条1項に規定する漁船については小型船舶登録に関する法律は適用されない。漁船は，漁船法によって登録票の交付を受けることとなっているからである。

(2) 船舶安全法との関係

ア 船舶安全法には，特に，「漁船」について定義していないものの，同法施行規則1条2項においてその定義を定めている。「漁業」を「漁ろう」という言葉に置き変えているほかは，漁船法2条で定義している「漁船」と同様である。

ところで，船舶安全法は，2条1項において，船体や機関等に関し，堪航性（船舶が安全に航海できる性能）を保持させ，人命の安全を保持するに必要な一定の施設を備えることを要求する規定を設けているが，政令をもって定める総トン数20トン未満の漁船については，当分の間その適用がない（同法32条）。

この政令は，「船舶安全法32条の漁船の範囲を定める政令」（昭和49年政令258号）である。これによれば「政令で定める総トン数20トン未満の漁船は，専ら本邦の海岸から12海里以内の海面又は，内水面において従業する漁船とする」とあることから，遠洋に出る漁船については，船舶安全法2条1項が適用されることとなる。

イ 次に，漁船が非漁業業務に使用された場合に船舶安全法及びその関係法令の適用があるか否かという問題について検討する。

すなわち，このような場合，漁船法上の漁船の地位を失うのか，失うとすれば，登録票返納義務違反（漁船法55条1号，20条1項1号），登録番号抹消義務違反（同法55条1号，20条3項）はどうなるのか，あるいは，非漁業業務が臨時的であれば，あくまでも漁船法上の漁船であって，船舶安全法2条1項の適用はないのかという問題がある。

これについては，非漁業業務が臨時的なものである限り，漁船法上の漁船の地位を失わないと考えられる。これは漁船法上の要請である

(前記2(2)参照)。

その反面，臨時的とはいえ，「旅客運送」に従事するものである限り，船舶安全法上の漁船には該当せず，他の船舶と同様に，同法が要求する施設を備えなければならないと解すべきであろう。このように解すれば，「船舶の堪航性を保持し，かつ人命の安全を保持する」ことを目的とする船舶安全法上の要請に応えることになる。

(3) 船員法との関係

船員法は，「政令の定める総トン数30トン未満の漁船」に乗り組む船員に対しては適用されないところ（同法1条2項3号），「船員法1条2項3号の漁船の範囲を定める政令」（昭和38年政令54号）において，30トン未満の漁船の範囲を定めている。

したがって，漁船法にいう「漁船」は，30トン未満のものを除き，船員法上の「船舶」と解される。

(4) 船舶職員及び小型船舶操縦者法との関係

船舶職員及び小型船舶操縦者法及び同法施行令の別表等には，「漁船」という言葉が数多い。同法上は特に漁船の定義はしていないものの，法の解釈上，ここでいう「漁船」とは，漁船法で定めている「漁船」と解して差し支えないであろう。

第2節　漁船法違反の犯罪事実記載例

1　**無登録漁船使用**（53条1号，10条1項　1年以下の懲役又は100万円以下の罰金）

被疑者は，主たる根拠地を〇〇県〇〇市〇〇港とする遊漁兼交通船〇〇丸（総トン数〇〇トン，船の長さ8.5メートル，主機ディーゼル90馬力）を所有し，かつ，船長として乗り組んでいるものであるが，平成〇〇年〇〇月〇〇日午前〇〇時〇〇分ころ，〇〇県〇〇市の〇〇燈浮標付近海上において，〇〇県知事の備える漁船原簿に登録を受けていない上記〇〇丸で，もっぱら1本釣り漁業に従事し，同船を漁船として使用したものである。

(注)　臨時的，一時的に漁船として使用した場合には本条違反は成立しないので，

「もっぱら漁業に従事する船舶」（漁船法2条1項1号）として使用したとの立証が必要である。

2 登録票船内不備付（55条1号，15条　30万円以下の罰金）

　被疑者は，○○県知事の備える漁船原簿に登録を受けた動力漁船○○丸（総トン数○○トン）の所有者で，かつ，同船に船長として乗り組み，同船を使用しているものであるが，法定の除外事由がないのに^(注1)，平成○○年○○月○○日午後○○時○○分ころ，○○県○○市○○町○○島山頂から真方位○○度約○○メートルの海上において，同船を運航するに際し，同船内に登録票を備え付けて置かなかったものである。^(注2)

　（注1）　使用者とは，所有権，賃借権その他の権限に基づき当該漁船を運航し漁業を営む者である。船長や漁ろう長は，漁業を営む者には当たらない。しかし，船長は両罰規定（漁船法57条）の適用をうけて「使用者」の使用人として処罰されることがある。
　（注2）　漁船法施行規則12条にその定めがあるが，「建造した漁船を建造後初めてその主たる根拠地まで回航する場合」などが除外事由となる。

3 登録番号不表示（55条1号，16条，施行規則13条　30万円以下の罰金）

　被疑者は，動力漁船○○丸（総トン数○○トン，5馬力主機付）の所有者であり^(注1)，平成○○年○○月○○日，○○県知事から同船の登録票の交付を受けたものであるが，法定の除外事由がないのに^(注2)，平成○○年○○月○○日午前○○時○○分ころ，○○県○○郡○○町○○岬南方約○○メートルの海上において，上記登録票に記載された登録番号を同船の船橋又は船首の両側の外部その他最も見やすい場所に^(注3)鮮明に表示していなかったものである。^(注4)

　（注1）　本違反の主体は原則として所有者であるが，使用者がその対象となることもある（同法16条後段）。
　（注2）　同法12条2項。
　（注3）　登録番号は，漁船法施行規則附録に定めている。ここで登録番号の読み方を説明するが，例えば，「HG2-1234」であれば，このうちのローマ字は県

名を示し，ＨＧは，兵庫県である。その次の2は，漁船の等級を示し，横線の次の番号は登録にかかる通し番号である。また，文字の大きさは，施行規則様式11号が定めている。

（注4）　表示の方法は，同法施行規則13条により「船橋又は船首の両側の外部その他最も見やすい場所に鮮明にしなければならない。」とされている。

4　変更不登録（55条1号，17条1項　30万円以下の罰金）

被疑者は，○○県知事の備える漁船原簿に登録を受けた動力漁船○○丸（総トン数○○トン）の所有者で(注1)，かつ，使用者であるが(注2)，平成○○年○○月○○日ころ，同船の推進機関の種類及び馬力数をディーゼル60ＰＳからディーゼル70ＰＳに変更したにもかかわらず，その日から2週間以内に，その変更の理由を付して○○県知事に対し変更の登録を申請しなかったものである。

（注1）　本違反の主体は所有者である。
（注2）　所有者が使用者でない場合は同法17条2項（使用者の所有者に対する通知義務）の問題を生ずる。
　　　　ここでは，17条2項の問題は起きないことを明らかにするため所有者兼使用者と明記した。したがって，所有者と使用者が別で，しかも使用者から変更の通知があったのに，所有者が変更登録をしなかった場合には，公訴事実にその旨を記載すべきである。

5　登録票未返納（55条1号，20条1項　30万円以下の罰金）

被疑者は，○○県知事の備える漁船原簿に登録を受けた動力漁船○○丸（総トン数○○トン）の所有者で(注1)，かつ，使用者であるが，平成○○年○○月○○日，○○○○に同船を売却譲渡したため上記登録は効力を失ったので(注2)，遅滞なく同船の登録票を○○県知事に返納しなければならないにもかかわらず，法定の除外事由がないのに，同年○○月○○日までにこれを返納(注3)しなかったものである。

（注1）　本違反の主体は所有者であり，使用者が別の場合は同法20条2項（所有者に対する返還義務）の問題を生ずる。前記4の（注2）参照。
（注2）　同法18条1項4号。
（注3）　20条1項ただし書。正当事由については，具体的に法令に規定されてないが，

漁船が滅失，沈没等して登録票がなくなった場合などが想定されると思われる。

第3章 船舶安全法及び同法施行規則

第1節 船舶安全法等の概要

1 法の目的

　船舶安全法及び船舶安全法施行規則は，船舶の堪航性を保持し，かつ，人命の安全を保持することが目的であり，そのため船舶につき，その構造，設備，航行区域及び最大搭載人員等に関して安全性の基準を定め，これを担保するための検査制度などを定めている。

　船舶安全法は，自ら罰則を設けるほか，24条1項及び28条2項によって船舶安全法施行規則に罰則を委任している。

2 船舶安全法の特徴

(1) 法の適用除外が多い。

　　2条ないし6条のいずれの規定についても適用除外がある。これは，法による規制事項が多岐にわたるため，例えば，航行区域や船舶の大小を問わず一律に規制するには無理があり，規制ごとに適用対象船舶の範囲を変える必要があるからである。

(2) 船舶の検査に関して，検査機関が多種にわたっている。

　　6条の4第1項及び第3章による登録検定機関，7条の2第1項及び第2章による小型船舶検査機構，8条及び規則47条の16による船級協会等がある。

　　なお，小型船舶検査機構は，総トン数20トン未満の船舶に対する船舶安全法に基づく検査（特別検査及び再検査を除く）及び小型船舶の登録に関する法律に基づく測度を行うものである。

3 適用される船舶について

　本法は，原則として日本船舶に適用されるものであるが，非日本船舶でも本法施行地の各港内又は湖川港湾のみを航行する船舶等については，本法の全部又は一部が準用される（同法29条の7，同法施行令1条，2条）。

　なお，漁船への適用の問題については，前出第2章第1節3(2)参照。

第2節　船舶安全法違反の犯罪事実記載例

1　満載吃水線抹消（17条　50万円以下の罰金）

　被疑者は，日本船舶であり，近海区域を航行区域とする汽船○○丸（総トン数○○トン）の船長であるが，法定の除外事由がないのに，平成○○年○○月○○日，○○市○○町先の○○港内において，同汽船の船体全面を故なく青ペンキで塗りつぶして満載吃水線の標示を抹消したものである。

（注1）　日本船舶でなければならない（船舶安全法1条，船舶法1条）。以下同じ。
　　　　しかし，船舶の登録（船舶法5条）を受けているかどうかを問わない。
（注2）　満載吃水線の標示を義務づけられている船舶安全法3条に掲げる船舶であることを明記する。遠洋区域又は近海区域を航行区域とする船舶等，同法3条所定の船舶には，満載吃水線を標示しなければならない。
　　　　「遠洋区域」「近海区域」「沿海区域」等の意義については，同法施行規則1条6項ないし9項。
　　　　航行区域は，管海官庁（施行規則1条14号）が，定期検査等において，申請による区域の航海に耐え得るか否かを認定し，その種類を決定する。なお，航行区域は，相互に排他的なものではなく，広い区域がより狭い区域を包含する。
（注3）　本条違反は，行為者を処罰することになっている。
　　　　犯罪主体に特に限定はなく，所有者だけでなく船長，乗組員その他何人でも主体となり得る。
（注4）　船舶安全法3条ただし書き，33条，施行規則3条。
（注5）　ペンキで塗りつぶす行為は，満載吃水線の標示を阻害する故意があることを要する。
（注6）　満載吃水線とは，積載貨物による船体の海中沈下が許される最大限度を示す線である。満載吃水線の位置は，管海官庁が，定期検査等において，満載吃水線規則又は船舶区画規程に従って定める。法では吃水線となっているが，施行規則では喫水線となっている。
　　　　なお，満載吃水線の位置については，施行規則11条が定めている。
（注7）　船体外板の塗装替を行うに際して一旦塗りつぶし，新たに標示する場合は正当行為にあたり，違法性が阻却される。

2　船舶検査証書等未受有船舶航行（1年以下の懲役又は50万円以下の罰金）

(1)　18条1項1号

　被疑者は，日本船舶である汽船○○丸（総トン数○○トン）の所有者で，かつ，船長として同船に乗り組んでいるものであるが，法定の除外事

由がないのに，平成○○年○○月○○日午後○時○○分ころ，兵庫県○○市○○町地先所在の○灯台から真方位○○度約○○キロメートル付近海上において，船舶検査証書又は臨時航行許可証を受有しない同船を航行の用に供したものである。

（注1） 同法18条の違反主体は，船舶所有者又は船長である。
（注2） 同法施行規則44条（第5条の検査又は6条の4第1項の規定による船舶の型式承認のため，国土交通大臣の行う試験の執行として旅客及び貨物をとう載せずに試運転を行う場合である。）。
（注3） 船舶検査証書とは，管海官庁が定期検査に合格した船舶に対してその合格を証明するために交付する証書である（9条1項，なお外国法令に基づき交付された証書につき15条）。
（注4） 船舶検査証書を「受有セザル」とは，当初から同証書の交付を受けていない場合のほか，同証書の交付を受けている船舶につき，その有効期間が満了した場合（10条4項），有効期間中であっても，中間検査又は臨時検査に合格せず，その効力が停止されている場合（10条3項）もこれに含まれる。
　　　また，同証書に定められている特定の種類の航行区域以外の上位の区域を航行した場合，例えば，平水区域を航行区域とする船舶が沿海区域を航行した場合も，本条1号に該当する。
（注5）「船舶を航行の用に供した」ときとは，実際に航行させた場合のみでなく，水域を移動できる状態に船舶を置くことを含む。

(2) 18条1項1号，2項

　　被疑者甲は，日本に国籍を有する汽船○○丸（総トン数○○トン）を所有しているもの，被疑者乙は同船の船長であるが，被疑者乙は，法定の除外事由がないのに，平成○○年○○月○○日，○○市○○町先の○○港から○○市○○町地先の○○港まで，船舶検査証書又は臨時航行許可証のいずれをも受有しない同汽船を運航し，もって，同汽船を航行の用に供したものである。

（注） 同法18条の違反主体は，船舶所有者又は船長であるが，同条2項，3項及び4項で定められている両罰規定に留意が必要である。
　　　本事例は，船長が行為者で，更に18条2項の両罰規定により所有者も処罰される場合の記載である。もちろん，所有者が船長で行為者となる場合は，2項を引く必要はない。

船舶共有で船舶管理人を置いたときは，船舶管理人が，船舶貸借の場合は船舶借入人が船舶所有者として処罰され，船長に代わって船長の職を行う者は船長として処罰される（同法26条）。

(3) 18条1項1号，26条

　　被疑者は，○○所有に係る漁船○○丸（総トン数○○トン）を同人から借り受けたものであるが，^(注1)平成○○年○○月○○日，○○市○○町の港から○○市○○町の岬沖まで，^(注2)遊漁のため，船舶検査証書又は臨時航行許可証のいずれをも受有しない^(注3)同船舶に遊客○名を乗船させて運航し，もって，同船舶を航行の用に供したものである。

（注1）　同法26条により船舶借入人は所有者としての責を負う。
（注2）　「遊漁のため」と目的を書いてしまえば，法定の除外事由がないことが明らかになるので，「法定の除外事由がないのに」と書く必要はない。
（注3）　本来は遠洋に出る漁船以外は船舶検査証書等は必要としないが，漁船として使用し，その一方で遊漁船としても使用するのを常とする場合には，漁船であっても船舶安全法の適用を受けることとなるから，船舶検査証書を受有することができる。
　　　　臨時に遊漁船として使用する場合は，漁船法の立場からは漁船としての地位を失わないが，船舶安全法の立場からすると臨時航行許可証をとるべきであるということになる（施行規則19条の2第3号）。なお，第2章第1節3(2)参照。

3　航行区域外航行（18条1項2号，2項　1年以下の懲役又は50万円以下の罰金）

　　被疑者○○株式会社は，汽船○○丸^(注1)（総トン数○○トン）の所有者であり，被疑者○○は，同船に船長として乗り組んでいるものであるが，^(注2)被疑者○○は，同船の船舶検査証書に航行区域が平水区域と定められている^(注3)にもかかわらず，平成○○年○○月○○日午前○○時ころから同日午後○○時ころまでの間，○○県○○港の港界線外と○○県○○港の港界線外の沿海区域約○○キロメートルの間を同船で航行し，^(注4)もって，船舶検査証書に記載された航行区域を超えて同船を航行の用に供したものである。

（注1）　本件の場合，船舶検査証書を有していることが前提となっているので，日本

26　第3章　船舶安全法及び同法施行規則

に国籍を有する船舶と記載する必要はない。
（注2）　18条2項の両罰規定を適用した事実の記載である。18条3項の場合も同じであるが，「業務に関し」の要件は不要であるから，公訴事実にもその旨記載する必要はない。これは，同条4項の場合には「業務に関し」が要件となっているのと異なることに注意する。
（注3）　船舶安全法施行規則5条によれば，航行区域は，平水区域，沿海区域，近海区域，遠洋区域の4種がある。その詳細は，同規則1条6項ないし9項参照。
（注4）　「もって以下」は省略してもよい。

4　最大搭載人員超過搭載（1年以下の懲役又は50万円以下の罰金）

(1)　18条1項4号

　　被疑者は，汽船○○丸（総トン数○○トン）の所有者であり，かつ，船長であるが，平成○○年○○月○○日午前○○時ころ，同船の船舶検査証書に記載された最大搭載人員旅客3名を2名超えた旅客5名を同船に搭載し，○○市○○町○○灯台から真方位○○度○○メートルの海上を航行したものである。(注2)(注3)

（注1）　同法施行規則8条参照。なお，人数の数え方は，年齢により異なることは同規則9条参照。確定した最大搭載人員数は，船舶検査証書の該当欄に記載される（同法9条1項）。
　　　　なお，同規則8条中にある「その他の乗船者」とは，船員に準ずるもので，①船舶所有者，船舶管理人，船舶借入人，②買物付添人，③警備，保安，試験，研究等のために乗船する者，④税関職員，検疫官等船内において業務に従事する者と解されている。
（注2）　港内において一時的に乗船するに過ぎない者は搭載人員に算入されない。例えば水先人，荷役作業員，停船中にレセプション等船内観覧のために乗船する者等とされている。
　　　　また，最大搭載人員が各別の定員を一部で超えている場合には，全体定員の合計を超えていない場合でも違反は成立する。
（注3）　船舶検査証書に最大搭載人員が記載されない場合，例えば，作業船のような船舶に乗客を乗せた場合は，「同船の船舶検査証書では搭載してはならないこととされている旅客○名を同船に」と記載する。

(2)　18条1項4号，施行規則9条1項

　　被疑者は，汽船○○丸（総トン数○○トン）の船長であるが，平成○○年○○月○○日午前○○時ころ，船舶検査証書に記載された搭載人員

旅客3名を超えた釣客大人4名，1歳以上12歳未満の者3名(注)を同船に搭載し，○○市○○町○○灯台から真方位○○度約○○メートルの海上を航行したものである。

（注）　規則9条によれば，12歳未満の子供2名で大人1名に換算する。

5　満載吃水線超過載荷（1年以下の懲役又は50万円以下の罰金）
(1)　18条1項5号関係

　　被疑者は，沿海区域を航行区域とする汽船○○丸（総トン数○○トン，長さ25メートル(注1)）の船長であるが，平成○○年○○月○○日午前○○時ころ，○○市○○町地先○○灯台から真方位○○度約○○メートルの海上において，その満載吃水線(注2)を両舷とも約50センチメートル超えて(注3)海砂を載荷し同船を運航した(注4)ものである。

（注1）　満載吃水線を標示することを要しない船が仮に同線を標示していて，これを超過載荷しても処罰されない。したがって，本船が満載吃水線を標示することを要する船であることを明示した（法3条）。
（注2）　満載吃水線の幅は25ミリメートル（満載喫水線規則67条，別表第6）である。その上線が満載吃水線である。
（注3）　船艙内の載荷配分状態により傾斜し，左右両舷側の吃水に相違を生じた場合，左右を平均することによって超過載荷の有無，超過沈下度を認定する（左右両舷側の吃水に相違が生じる場合は「左舷約○○センチメートル，右舷約○○センチメートル超えて」という記載でよい。）。
（注4）　本罪は載荷が既遂であり，航行の用に供することは要件ではない。したがって，犯罪事実としては「同船に載荷したものである」との記載で足りる。運航することを前提として載荷するからである。

(2)　18条1項5号，4項関係

　　被疑者○○株式会社は，○○県○○市○○に本店を置き，沿海区域を航行区域とする砂利採取運搬船である汽船○○丸（総トン数394トン）を所有して砂利採取業を営むもの，被疑者△△は，同船の載荷に関して責任を有する同社の代表取締役であって，同船に機関長として乗り組んでいるものであるが(注1)，被疑者△△は，同会社の業務に関し，平成○○年○

○月○○日午前○時ころから同日午後○時ころまでの間，○○県○○市○○地先の○○港から○○市○区○○番地所在の○○岸壁まで，その満載吃水線を左舷約20センチメートル，右舷約25センチメートル超えて海砂を載荷し同船を運航したものである。
(注2)

(注1) 主体は，船舶所有者又は船長である。
　　　本事例は，船長を処罰しないで，両罰規定により，実質的な載荷の責任者である代表取締役の機関長及び法人を処罰するものであり，機関長の代表取締役は，18条4項により処罰することになるので注意する。
(注2) 海砂を載荷した場合には，真水を注水して航行しながら排水して塩抜きをするのが通例であり，時間経過により沈下していた喫水線が上がることとなる。

6　無線電信等不備船舶航行（18条1項6号　1年以下の懲役又は50万円以下の罰金）

　被疑者は，近海区域を航行区域とする旅客船○○丸（総トン数○○トン，旅客定員○○名）に船長として乗り組んでいるものであるが，法定の除外事由がないのに，平成○○年○○月○○日午前○○時ころ，○○市○○町○○灯台から真方位○○度約○○メートルの海上において，修理のため無線電信及び無線電話の施設を取り外している同旅客船を運航し，もって，同旅客船を航行の用に供したものである。

(注1) 同法4条に無線電信又は無線電話の施設を要する船舶が規定されている。公訴事実には同条による船舶であることを明記しなければならない。
(注2) 4条1項ただし書，同条2項，施行規則4条の2。

7　中間検査未受検船舶航行（18条1項7号，施行規則18条4項　1年以下の懲役又は50万円以下の罰金）

　被疑者は，平成○○年○○月○○日，日本小型船舶検査機構○○支部の定期検査に合格した汽船○○丸（総トン数○○トン）の所有者であって，船長として同汽船に乗り組むものであるが，同検査に合格した日から33月ないし39月を経過した日である同○○年○○月○○日から同○○年○○月

○○日までの間に，第1種中間検査を受けなければならないのに，上記検査を受けないで，同○○年○○月○○日午前○○時ころ，○○市○○町○○灯台から真方位○○度約○○メートルの海上において，同汽船を運航し，もって，中間検査を受けていない同汽船を航行の用に供したものである。

(注1) 同法5条に各種の検査が規定されている。7条により前記検査は管海官庁がこれを行うこととなっているが，7条の2により総トン数20トン未満の船舶については日本小型船舶検査機構が検査することとなっている。
　「定期検査」は，船舶を初めて航行の用に供するとき，又は船舶検査証書の有効期間が満了したときに行う精密な検査である（5条1項1号）。検査の申請義務者につき5条，26条，執行機関につき7条，7条ノ2，8条，14条等参照。
(注2) 小型船舶の定義については，平成5年の船舶安全法の改正により，長さ12メートルの船舶から，総トン数20トン未満の船舶に改められた（同法6条の5）。
(注3) 5条1項2号，施行規則18条で「中間検査」について定められている。10条1項ただし書きが適用される船舶（小型船舶等）についての中間検査は第一種中間検査とし，施行規則18条4項に船舶検査証書の有効期間の起算日から33か月を経過する日から39か月を経過する日までの間と定められている。なお，特別検査は，施行規則20条に定められている。

8　船舶検査証書等記載条件違反航行（18条1項8号　1年以下の懲役又は50万円以下の罰金）

　被疑者は，汽船○○丸（総トン数○○トン）の所有者であり，かつ，船長として同船に乗り組んでいる者であるが，同船の船舶検査証書には，航行上の条件として「日没から日出までの間の航行を禁止する」旨記載されているのに，日没後である平成○○年○○月○○日午後○○時○○分ころ，○○市○○町○○灯台から真方位○○度約○○メートルの海上において，同船を運航し，もって，船舶検査証書に記載された条件に違反して同船を航行の用に供したものである。

(注1) 船舶検査証書は，定期検査に合格した船舶に対し管海官庁が交付する（同法9条1項）。ただし，小型船舶については小型船舶検査機構が，船舶検査済票とともに交付する（7条の2）。国土交通大臣の認定した日本の船級協会の検査を受け，船級の登録をした非旅客船については，当該船級を有する間は，2条1項

各号（救命設備，居住設備，衛生設備及び航海用具を除く）及び満載喫水線に関し，管海官庁の検査（特別検査を除く）を受けたものとみなされる（8条）。
　(注2)　条件は，管海官庁が船舶検査証書の「その他の航行上の条件」欄に記入したものに限る（施行規則12条参照）。

9　臨時検査不受検船舶航行（1年以下の懲役又は50万円以下の罰金）

(1)　18条1項9号，5条1項3号，施行規則19条1項1号イ

　　被疑者は，汽船○○丸（総トン数○○トン）の船長であるが，同船が平成○○年○○月○○日，定期検査に合格した後の^(注1)平成○○年○○月○○日ころ，同船の左右艙口縁に鉄板を溶接して各艙口縁を高さ約60センチメートル，長さ約13メートルかさ上げし，船体の主要な構造の変更で船体の強度，水密性に影響を及ぼし船舶の堪航性の保持に影響を及ぼす^(注2)おそれのある改造を^(注3)したにもかかわらず，所定の臨時検査を受けないで，平成○○年○○月○○日午後○○時○○分ころ，○○市○○町先○○灯台から真方位○○度約○○メートルの海上において，同船を運航し，もって，同船を航行の用に供したものである。

　(注1)　5条の検査を受けた後ということを明らかにする。検査官庁名を記載する例が多いが，「定期検査を受けた後の」と簡略に記載してもよい。
　(注2)　臨時検査を受ける場合は，施行規則19条に詳記されているが，本件の改造は19条1項1号イに該当する場合なので，「船体の主要な構造の変更で船体の強度，水密性に影響を及ぼし」と記載したが，その前に具体的な改造の事実を記載していることから，このような記載をした。
　(注3)　施行規則19条1項に該当する場合は，少なくとも船舶の堪航性又は人命の安全の保持に影響を及ぼすおそれのある改造か修理ということを記載すべきである。

(2)　18条1項9号，5条1項3号，施行規則19条2項4号

　　被疑者は，平成○○年○○月○○日，主機として○○○船外機20馬力を取り付けて日本小型船舶検査機構から定期検査を受けた小型船舶○○丸（総トン数○○トン）の船長であるが，^(注1)平成○○年○○月○○日ころ，同船の主機を○○○35馬力船外機に取り替えて改造したため臨時検査を受けなければならなくなったにもかかわらず，^(注2)法定の除外事由がないのに，^(注3)所定

の臨時検査を受けないで，同年〇〇月〇〇日午後〇〇時〇〇分ころ，〇〇市〇〇町先〇〇灯台から真方位〇〇度約〇〇メートルの海上において，同船を運航して航行の用に供したものである。

(注1) 冒頭部分について前記(1)とは異なった書き方の例である。
(注2) 前記(1)の事例，すなわち施行規則19条1項1号の場合は，「船舶の堪航性又は人命の安全の保持に影響を及ぼすおそれ云々」の記載が必要であるが，19条2項4号の場合は，このような記載は必要でなく，主機を取り替えたことだけで，臨時検査を受ける義務が発生することに留意する。
(注3) 規則19条2項4号そのものに，法定の除外事由が明記されている。

(3) 18条1項9号，5条1項3号，施行規則19条3項3号

　被疑者は，汽船〇〇丸（総トン数〇〇トン）の船長であるが，平成〇〇年〇〇月〇〇日，同船に固定して施設されていない救命胴衣4個を備え付け(注1)，同年〇〇月〇〇日，第1種中間検査を受けていたところ，その後，〇〇年〇〇月〇〇日ころ，これを取り外して陸揚げしたにもかかわらず，法定の除外事由がないのに(注2)，所定の臨時検査を受けないで，同年〇〇月〇〇日午後〇〇時〇〇分ころ，〇〇市〇〇町〇〇灯台から真方位〇〇度約〇〇メートルの海上において，同船を運航して航行の用に供したものである。

(注1) 施行規則19条3項3号の要件である。
(注2) 同規則19条3項3号に法定の除外事由が明記されている。

10　船舶検査証書等不正取得（19条　1年以下の懲役又は50万円以下の罰金）

　被疑者は，日本に国籍を有し近海区域を航行区域とする旅客船〇〇丸（総トン数〇〇トン，旅客定員〇〇名）を所有しているものであるが，平成〇〇年〇〇月〇〇日午後〇〇時〇〇分ころ，〇〇市〇〇町〇〇港に停泊中の同船において，〇〇地方運輸局検査官が同船の定期検査を行った際，同船に施設してある無線電信が故障してその機能を失っていたのに，これを秘し(注1)，他から一時借用して仮設した無線電信を同船の無線電信であるかの

ように装ってこれを検査に供し，同検査官をしてその旨誤信させて検査に合格させ，よって，同月○○日，○○市○○区○○町○○番地の○○地方運輸局において，同運輸局長から前記船舶につき定期検査に合格した旨の船舶検査証書(注2)の交付を受け，もって，詐偽その他不正の行為(注3)をもって船舶検査証書を受けたものである。

- （注1） 遠洋区域又は近海区域を航行区域とする旅客船等の船舶安全法4条所定の船舶は，電波法による無線電信を施設しなければならないとされており，同法5条1項の検査の対象となる。
- （注2） 客体としては，船舶検査証書のほか，船舶検査済証，臨時航行許可証又は合格証明書が含まれる。
- （注3） 「詐偽其ノ他不正ノ行為」とは，船舶検査証書等の交付を受ける意図をもって，その手段として法5条1項所定の検査事項につき合否の判定を誤らせるような何らかの偽計その他不正の工作を行うことをいう。

第3節　船舶安全法施行規則違反の犯罪事実記載例

1　船舶検査証書等船内不備置（68条1号，40条　20万円以下の罰金）

被疑者は，○○地方運輸局長から船舶検査証書の交付を受けている汽船(注1)○○丸（総トン数○○トン）の船長(注2)であるが，平成○○年○○月○○日午後○○時○○分ころ，○○市○○町○○港内において，上記船舶検査証書を同船内に備えておかなかった(注3)ものである。

- （注1） 40条の場合は，運輸局長から船舶検査証書の交付を受けていることを明らかにする。
- （注2） 本条違反の主体は船長であって，両罰規定の適用はない（規則69条中の除外規定）。しかし，船舶安全法26条によって，船長に代わってその職務を行う者に対しては罰則の適用がある。
- （注3） 故意犯である。

2　船舶検査済票不貼付（68条2号，42条3項　20万円以下の罰金）

被疑者は，日本小型船舶検査機構から船舶検査済票の交付を受けている小型船舶(注1)○○丸（総トン数○○トン）の所有者であるが，平成○○年○○月○○日午後○○時○○分ころ，○○市○○町○○港内において，法定の

除外事由がないのに、上記船舶検査済票を同船両船側の船外から見やすい場所にはりつけておかなかったものである。

(注1) 主体は所有者である。この場合、両罰規定の適用がある。
(注2) 法定の除外事由は42条3項ただし書き。

3 船舶検査手帳船内不備置（68条3号，46条4項　20万円以下の罰金）

被疑者は，日本小型船舶検査機構から船舶検査手帳の交付を受けている小型船舶○○丸（総トン数○○トン）の船長であるが，平成○○年○○月○○日午後○○時○○分ころ，○○市○○町○○港内において，上記船舶検査手帳を同船内に備えておかなかったものである。

(注1) 主体は船長である。両罰規定の適用なし（施行規則69条中の除外規定）。
(注2) 船舶検査証書等船内不備置の罪（前記1の罪）及び船舶検査手帳船内不備置の罪の関係について，実務的には，一罪として処理することもあるようであるが，理論的な観点からの見解として，「罪数関係執務資料」（刑事裁判資料第19号）最高裁判所事務総局刑事局監修・法曹会発行，234ページ以下では，「一般に不作為犯においては，構成要件的行為である不作為自体は目に見えず，構成要件的要素である作為義務を介して初めて認識できるものであるから，構成要件行為の重なり合いを判断する場合にも，作為義務を介して検討するよりほかはない。そして，同一場面において，不作為の作為義務と他の不作為犯の作為義務との全部又は主要部分が合一するときには，両罪は観念的競合の関係に立つと解されるが，構成要件自体が不作為を構成要件的行為と定める真正不作為犯相互の関係においては，同一の作為義務が別個の法規に重複して規定されることは考えられず，相互の作為義務が合一することはないと考えられるので，罪数関係が観念的競合となるケースは通常予想されないところである。……（略）……，両罪は，いずれも時間的・場所的制限のない一般的作為義務に違反する真正不作為犯であり，相互に別途の作為義務に対する違反行為として捉えられるから，基本的に，構成要件的行為の重なり合いを認めることは困難というべきである。……（略）……，したがって，両罪の関係は，併合罪と解するのが相当である。」としている。

第4章　船員法並びに船舶職員及び小型船舶操縦者法

第1節　船員法の概要

1　船員法は，大きく分けて2つの目的を異にする規定から構成されている。

第1章は，総則としての定義規定等を定めたものである。

第2章及び第3章は，船長の職務，権限及び海員の規律に関する規定である。船舶共同体の責任者としての船長に，船内の秩序維持を図ることなどに関し，公法上一定の権限を与えるとともに，義務を課し，もって，船舶航行の安全を確保することを目的としている。この点で，船舶安全法が施設面から船舶の航の安全を図っているのに対し，船員法は，船長の職務等に関する人的側面からの規制により船舶の航行の安全を図っている。

これに対し，第4章ないし第12章は，陸上労働者に関する労働基準法及び労働安全衛生法の特別法となる規定で，いずれも，船員を労働者として保護することを目的としたものである。

2　船員法が適用される対象は，日本船舶又は日本船舶以外の命令の定める船舶であって，総トン数5トン未満の船舶，湖，川又は港のみを航行する船舶，政令で定める総トン数30トン未満の漁船を除いたものである（船員法1条）。

3　船員法における労働者保護法規としての特有の制度は，「雇入契約の公認制度」である。船員は，一般に，一旦乗船すれば，長期間航海に従事することから，雇入契約の内容が適法なものであるかどうか，その締結が，適法に行われたものであるかどうかを国が審査し，国が後見的に監督し，船員を保護するため，公認制度が設けられた（前出「最新海事法規の解説」95ページ）。ここでの「公認」の具体的な内容は，航海の安全又は船員の労働関係に関する法令の規定に違反することがないかどうか，また，当事者の合意が充分であったかどうかを国土交通大臣が確認することにある（船員法38条）。

同法37条1項は，「船長は，雇入契約の成立，終了，更新又は変更（以下

「雇入契約の成立等」という。）があったときは，国土交通省令の定めるところにより，遅滞なく，海員名簿を提示して，国土交通大臣に届け出なければならない」と定めている。

　この主体は，本来は，船長であるが，仮に船長がこの届出をすることができないときには，船舶所有者が届出の義務を負う（同法37条2項）。

　その届出の手続等については，船員法施行規則で規定しており，最寄りの地方運輸局等の事務所における地方運輸局長等に届け出ることになっている（同規則18条）。なお，ここでいう地方運輸局長「等」とは，指定市町村長（船員法104条，船員法の規定による事務で市町村長に行わせるものを定める政令，昭和28年運輸省告示第396号）や，外国にあっては日本の領事館を指す（同法103条）。最寄りの地に行政官庁がないとき，航行中のとき，その他やむをえない事由のあるときは，最初に到達した地の最寄りの行政官庁において，公認を申請することも認められるべきであろう。

第2節　船員法違反の犯罪事実記載例

1　発航前検査違反（126条1号，8条　30万円以下の罰金）

　　被疑者は，漁船○○丸（総トン数○○トン）の船長であるが，平成○○年○月○日午前○時ころ，兵庫県○○町○○漁港から同船を日本海の漁場に発航させるに際し，国土交通省令の定めるところにより，救命設備を備え付けているか検査せず，同船の航行に必要な発煙信号，落下傘付信号，火せんを備え付けないまま発航し，もって，発航前の検査をしなかったものである。

　　（注1）　本罪の主体は，船長である。
　　（注2）　船員法施行規則第2条の2。
　　（注3）　航海の各港毎の出航前をいうと解される（昭22.11.6運輸省海運総局船員局（調査課）長発通達第89号）。
　　　　　　一定の検査事項については，当該発航前12時間又は24時間以内に検査した場合に限り，これを行わないことができる（規則2条の2ただし書き）。

2　船長の甲板上指揮義務違反（126条1号，10条　30万円以下の罰金）

被疑者は，汽船○○丸（総トン数○○トン）に船長として乗り組んでいるものであるが，平成○○年○○月○○日午後○○時○○分ころ，同船が狭い水路である○○の海上を○○方向から○○方向に向かい通過する際，船室で仮眠し，もって，甲板にあって自ら同船を指揮しなかったものである。
(注2)

（注1）「狭い水路」については定義が定められていない。実務的には2海里（1海里は1,852メートル）が基準とされているようである。なお，海上衝突予防法9条及び海上交通安全法25条に「狭い水道」における航法を規制している。
（注2）　船長の甲板上での指揮義務は，①船舶が港に出入りするとき，②船舶が狭い水路を通過するとき，③その他船舶に危険のおそれがあるとき，とされている（10条）。

3　救助義務違反（124条，13条　3年以下の懲役又は100万円以下の罰金）

(1)　被疑者は，汽船○○丸（総トン数○○トン）の船長であるが，平成○○年○○月○○日午後○○時○○分ころ，東経○○度北緯○○度の○○県沖海上において，同船を運航中，○○船長の運航する貨客船○○丸（総トン数○○トン）と衝突し，同船に○○等の損傷を与えたにもかかわらず，法定の除外事由がないのに，同船の救助に必要な手段を尽くさず，かつ，自船の名称等を上記船長に告知せず，その場より逃走したものである。

（注1）　13条ただし書（自己の指揮する船舶に急迫した危険があるときは，この限りでない。）。
（注2）　刑法129条の過失往来危険罪が成立する場合には，本罪と併合罪となる。
（注3）　構成要件上「その場より逃走した」ことは要件ではなく記載する意味はないが，犯罪の事情としては記載したほうが分かりやすい。

(2)　被疑者は，砂利運搬船である汽船○○丸（総トン数○○トン）の船長であるが，法定の除外事由がないのに，平成○○年○○月○○日午後○○時○○分ころ，○○県○○郡○○町地先○○灯台から真方位○○度○○キロメートル付近海上において，上記○○丸を運航中，船長○○○○

の運航する貨物船○○丸（総トン数○○トン）と衝突した際，漫然とこれを放置し，上記○○丸の乗客○○○○ほか○名の人命救助に必要な手段を尽くさなかったものである。

4　非常配置表不掲示（126条1号，14条の3第1項　30万円以下の罰金）

被疑者は，近海区域を航行区域とする貨物船○○丸（注1）（総トン数○○トン）に船長として乗り組んでいる者であるが，平成○○年○○月○○日ころ，○○において，法令に規定する場合その他非常の場合における海員の作業(注2)に関し，国土交通省令の定めるところによる非常配置表(注3)を定めず，同表を同船の船員室その他適当な場所に掲示して置かなかった(注4)ものである。

(注1)　同法14条の3による命令（施行規則3条の3第1項）に定める船舶であることを具体的に記載する。
(注2)　12条ないし14条。
(注3)　施行規則3条の3第2項ないし第7項。
(注4)　本規制は，「定めなかった」行為と「掲示して置かなかった」行為を対象としているが，定めたにもかかわらず，これを掲示しなかった場合も想定されるので，このような場合は「定めたにもかかわらず，同表を……」と記載すべきであろう。

5　法定書類船内不備置（126条5号，18条1項　30万円以下の罰金）

被疑者は，汽船○○丸（総トン数○○トン）に船長(注1)として乗り組んでいる者であるが，法定の除外事由がないのに(注2)，平成○○年○○月○○日午後○○時○○分ころ，○○において，（船舶国籍証書，海員名簿，航海日誌，旅客名簿，積荷に関する書類）を同船内に備え置かなかったものである。

(注1)　本罪の主体は，船長である。
(注2)　施行規則10条2項ただし書，4項，5項，11条1項ただし書，12条3項，13条2項。

6　航海日誌不記載（126条5号，18条1項3号，施行規則11条2項　30万円以下の罰金）

被疑者は，汽船○○丸（総トン数○○トン）に船長（注1）として乗り組んでいるものであるが，平成○○年○○月○○日，○○県○○市○○町地先の○○港を出港し，同年○○月○○日，○○県○○市○○地先の○○港に入港したのに，その出入りした港の名称等航海の概要を航海日誌(注2)第4表に記載(注3)しなかったものである。

　　（注1）　本罪の主体は，船長である。船長に代わってその職務を行う者も本罪の主体である（同法134条）。本罪は，身分犯である。
　　（注2）　航海日誌には，「公用航海日誌」（第2号書式）と「船用航海日誌」とがあるが，本条にいう航海日誌は，前者である。
　　（注3）　航海日誌の記載事項は，施行規則11条により，航海の概要及び同条2項に定めるものとされる。

7　上長に対する暴行，脅迫（127条　3年以下の懲役又は100万円以下の罰金）

　被疑者は，○○汽船株式会社に雇われ，同社所有の汽船○○丸（総トン数○○トン）に甲板員として乗り組んでいるものである(注1)が，平成○○年○○月○○日午後○○時○○分ころ，○○県○○町沖の海上を航行中の同船の船室において，自己の上長である同船の1等航海士○○○○(注2)（当時○○年）に対し，船内での作業手順について注意されたことに憤激し，その顔面を手拳で数回殴打する暴行(注3)を加えたものである。

　　（注1）　海員（船員法2条1項）であることを具体的に明示する。
　　　　　海員は，船内で使用されること，すなわち乗り組むことを要し，多少とも継続性をもって船舶作業組織に組み入れられていなければならないとされている（昭32.9.28運輸省船員局（労働基準課）長発通達334号）。
　　（注2）　相手方が上長であることを具体的に明示する。
　　　　　上長とは，海員に対し，職務上指揮命令をする権限を有する船長及び海員をいう。船長には，代船長（商法707条），代行船長（本法20条）及び船長職務代行者（船員法11条）を含む。
　　　　　海員では，所属部が同一である場合には，一般に職員が部員に対する関係で上長に当たる（船員法3条）が，同一職員であっても，例えば機関長と機関士のように一方の職員が他方の職員に対し上長の関係に立つこともある。
　　（注3）　本条は，刑法の暴行（208条），脅迫罪（222条）の特別法であって，優先適

用される。傷害の結果が生じれば，傷害罪も成立し，本罪と観念的競合となる。行為当時，行為者が上長の職務上の指揮命令に服従すべき関係にあったことを要するであろう。この関係があれば，必ずしも船舶内における行為に限らないと解する。

8　年少者使用（129条，85条1項　1年以下の懲役又は30万円以下の罰金）

　被疑者は，貨物船○○丸（総トン数○○トン）を所有し，同船を使用して貨物運送業を営むものであるが，法定の除外事由(注1)がないのに，平成○○年○○月○○日午後○○時○○分ころから同年○○月○○日までの間，満15歳に満たない○○○○（平成○○年○○月○○日生）を甲板員として同船に乗り組ませて雑役に従事させ，もって，15歳未満の者を船員として使用(注3)したものである。(注4)

（注1）　本罪の主体は，船舶所有者であり，船舶所有者の代表者，代理人，使用人その他の従業者は，同法135条により，行為者として処罰される。
　　　船舶所有者とは，船舶を所有し，船員と使用従属の関係に立って，船員の提供する労働に対して賃金の給付をなすべき地位に立つ者をいう（昭24．12．24運輸省船員局（労働基準課）長発通達305号）。船舶所有者は，船舶登記をした上，船舶原簿に登録することを要するが（船舶法5条1項），登記・登録上の所有者が単なる名義人に過ぎず，ほかに前記の地位を有する実質的な所有者が存在する場合には，後者が船員法上の船舶所有者に当たると考えられる（前記通達）。
（注2）　85条ただし書き（同一の家族に属する者のみ使用する船舶の場合）。
（注3）　船員として使用するとは，船員として乗り組み，船内で使用されることをいい，多少とも継続性をもって船舶作業組織に組み入れられていることを要する。
（注4）　労働基準法56条1項にも満15歳に満たない児童は労働者として使用してはならないとの規定があるが，船員の場合は本法が優先的に適用される。

9　医療便覧の不備（130条，81条1項，施行規則54条　6月以下の懲役又は30万円以下の罰金）

　被疑者は，漁船○○丸（総トン数○○トン）の所有者であるが，平成○(注1)○年○月○○日午前○○時○○分ころ，神戸市○○区○○灯台から真方位○○度約○○キロメートル付近の○○港岸壁において，同所に係留中の同船内に国土交通省監修の「小型船医療便覧」又は「日本船舶医療便覧」を(注2)備え置かず，もって，船内衛生の保持に関し国土交通省令の定める事項を

遵守しなかったものである。

(注1)　主体は，船舶所有者である。両罰規定の適用がある（同法135条）。
(注2)　施行規則54条で，医療書の備置を規定し，原則として，一定の船舶に国土交通省監修「日本船舶医療便覧」の備置を求めているが，一定の船舶にあっては国土交通省監修「小型船医療便覧」をもってこれに代えることができることを定めている。本記載例の漁船は，後者に該当するものとして記載した。

10　健康証明書の不保持（131条1号，83条1項　30万円以下の罰金）

　被疑者は，汽船○○丸（総トン数390.78トン）の所有者であるが，平成○○年○月○○日午後○○時ころ，○○県○○市○○地先の○○岸壁において，同所に係留中の同船に国土交通大臣の指定する医師が船内労働に適することを証明した健康証明書（検便）を持たない○○○○を船員（調理作業員）として乗り組ませたものである。

(注1)　主体は，船舶所有者である。両罰規定の適用がある（同法135条）。
(注2)　船員法施行規則57条に規定する医師をいう。
(注3)　健康証明書（施行規則55条）は，船員手帳の一部をなしている。
　　　　検便は，指定医師においてその必要がないと認めた者に対しては受けなくてよいとされているが，もっぱら調理作業に従事する者に対しては必要な検査事項とされている（施行規則55条2項）。

11　労働条件不明示（131条1号，32条，135条，施行規則16条1項　30万円以下の罰金）

　被疑者○○会社は，○○に本店を置いて海運業を営み，汽船○○丸（総トン数○○トン）を所有するもの，被疑者△△は，同会社において海務部長として勤務し，船員の採用，配乗などの業務に従事するものであるが，被疑者△△において，被疑者○○会社の業務に関し，平成○○年○○月○○日，○○港において，○○○○を同船の船員とする雇入契約の締結に際し，同人に対して休日及び休暇に関する事項を記載した書面を交付せず，もって，労働条件を明示しなかったものである。

(注1) 主体は所有者であるから，自然人は両罰規定により処罰される。
(注2) 法にいう「国土交通省令の定めるところ」は，施行規則16条1項，2項に規定されている。

12 雇入契約等不届出（133条1号，37条1項，施行規則18条 30万円以下の罰金）

　　被疑者は，汽船○○丸（総トン数○○トン）に船長として乗り組んでいるものであるが(注1)，平成○○年○○月○○日，○○県○○港において，○○○○が同船に新たに船員として乗り組んできたことから，同人との間の雇入契約が成立したことを知ったにもかかわらず(注2)，法定の除外事由がないのに(注3)，同月○○日まで，最寄りの地方運輸局長等に対し，上記雇入契約が成立したことを届け出しなかったものである。

　　(注1) 主体は船長である。船長の不届け出により，船舶所有者が罰せられることはない。船長は，両罰規定の行為者である「船舶所有者の代表者・代理人・使用人その他の従業者」に該当しないので，船長の本条違反については，両罰規定の適用がないことに注意する。
　　(注2) 雇入契約は，船長でなく所有者が行うのが原則である。したがって，船長が契約の成立を知った事実を明記する。
　　(注3) 施行規則18条，22条等。

13 船員手帳の有効期限徒過（133条4号，50条3項，施行規則34条1項 30万円以下の罰金）

　　被疑者は，汽船○○丸（総トン数○○トン）に無線士として乗り組んでいるものであるが，平成○○年○○月○○日ころ(注)，○○において，同年○○月○○日限りで自己の受有している船員手帳の有効期間が過ぎていることに気付いたのに，遅滞なく，もよりの地方運輸局等の事務所に出頭して同局長等に対しその書換えを申請せず，もって，船員手帳の書換えに関し，国土交通省令の定める事項を遵守しなかったものである。

　　(注) 主体は，船員である。

第3節　船舶職員及び小型船舶操縦者法の概要
1　船舶職員及び小型船舶操縦者法の目的等

　船舶職員及び小型船舶操縦者法は，「船舶職員として船舶に乗り組ませるべき者の資格並びに小型船舶操縦者として小型船舶に乗船させるべき者の資格及び遵守事項等を定め，もって船舶の航行の安全を図ることを目的とする」（1条）ものである。

　船舶安全法は，前述したように，施設面から船舶の航行の安全を図っているのに対し，船舶職員及び小型船舶操縦者法は，船舶に乗り組む船舶職員等の資格及び員数という人的規制により船舶の航行の安全を図っている。

　特に，近年における水上レジャー活動に対する高まりもあり，水上オートバイなどの小型船舶の増加，小型船舶操縦士の免許保有者の増加，小型船舶による海難事故も増加の傾向にあって，小型船舶の安全を確保しつつ制度の簡素化を図るため，平成14年6月，従来の船舶職員法から現在の名称に変更されるとともに，大幅な改正が行われた。

　また，小型船舶制度が見直されて，同15年6月からボート免許区分が大幅な変更となり，小型船舶の船長を「小型船舶操縦者」と位置づけて，大型船舶の「船舶職員」の資格制度から「小型船舶操縦者」の資格制度を分離させた。

　その後も改正が行われ，現在，小型船舶操縦者が遵守すべき事項として，酒酔い等による操縦禁止，危険操縦の禁止，救命胴衣の着用義務（乗船している12歳未満の子供や水上オートバイ《特殊小型船舶》を操縦する場合），有資格者の自己操縦義務（水上オートバイを操縦する場合《全ての水域》，港則法の港内や海上交通安全法の航路内の航行する場合）等を明確化し，遵守事項違反者に対しても再教育講習の制度が設けられた（同法第3章第5節小型船舶操縦者の遵守事項等）。

　また，これまでは総トン数20トン未満の船舶のみを「小型船舶」としていたが，総トン数20トン以上のものであって，①1人で操縦を行う構造であるもの，②長さが24メートル未満であるもの，③スポーツ又はレクリエーションのみに用いられるものとして国土交通大臣が告示で定める基準に適合すると認められるものもこれに加えられた（船舶職員及び小型船舶操縦者法2条4

項,同法施行規則2条の7)。

2　船舶職員及び小型船舶操縦者法の対象となる船舶

　本法が適用される船舶は,①日本船舶,②日本船舶を所有することができる者が借入れた日本船舶以外の船舶,又は③本邦の各港間若しくは湖,川若しくは港のみを航行する日本船舶以外の船舶であって,下記以外の船舶である(2条1項等)。

① 　ろかいのみをもって運転する舟(2条1項1号)
② 　係留船その他国土交通省令で定める船舶(2条1項2号)
　　船舶職員及び小型船舶操縦者法施行規則2条2項
③ 　推進機関を有しない総トン数5トン未満の帆船
　　同法制定時の附則15項によって,当分の間上記帆船は本法2条1項が適用されない。
④ 　海上自衛隊の使用する船舶　自衛隊法110条

3　船舶職員及び小型船舶操縦者法における船舶職員

　大型船舶の船舶職員は,2条2項及び3項により,船長,航海士,機関長,機関士,通信長,通信士及び運航士の職務を行う者をいう。

　船舶職員になろうとするものは,海技士の免許を受けなければならない(4条1項)。

　ところで,2条2項は船舶職員の職名だけは特定してあるが,その職務内容については何ら規定していない(ただし,3項の運航士については同項にその職務が規定してある。)。しかし,国際条約,慣習,通念により職務内容は,次のように確定されているといってよい。

部　門	職　名	職務内容
甲板部	船　長	船舶の指揮，監督に任ずる
	1等航海士	乗組員の作業割当，甲板部諸装置の整備の監督，荷役計画，甲板部職員の長として船長の補佐
	2等航海士	航海日誌の整備，航海用具の維持補修
	3等航海士	船橋，海図室担当，救命用具の整備
機関部	機関長	船舶の推進機関の責に任ずる
	1等機関士	主機担当，機関部職員の長として機関長補佐
	2等機関士	ボイラー担当
	3等機関士	補機，電気担当
無線部	通信長	船舶の通信業務の責に任ずる
	2等船舶通信士	無線機器の整備
	3等船舶通信士	同　上

※　船員法上の職員と本法の船舶職員とは必ずしも一致しない。

4　船舶職員及び小型船舶操縦者法における海技士

「海技士」とは，国土交通大臣が行う海技士国家試験に合格し，免許を受けた者をいう（4条1項，2項）。

免許の資格の種類は5条1項に定められている。4系統に分かれ，各系統ごとに次表のとおり上下の別がある。

① 甲板部門（船長，航海士）
　　1級海技士（航海）← 2級海技士（航海）← 3級海技士（航海）← 4級海技士（航海）← 5級海技士（航海）← 6級海技士（航海）

② 機関部門（機関長，機関士）
　　1級海技士（機関）← 2級海技士（機関）← 3級海技士（機関）← 4級海技士（機関）← 5級海技士（機関）← 6級海技士（機関）

③ 通信部門（通信長，通信士）

1級海技士（通信）←2級海技士（通信）←3級海技士（通信）
④ 電子通信部門（通信長，通信士）
1級海技士（電子通信）←2級海技士（電子通信）←3級海技士（電子通信）←4級海技士（電子通信）

5 船舶職員及び小型船舶操縦者法における小型船舶操縦士

「小型船舶操縦士」とは，国土交通大臣が行う小型船舶操縦士国家試験に合格した者をいう（23条の2第1項，2項）。

操縦免許の資格は，23条の3に定められている。

① 小型船舶操縦士の上下の別
1級小型船舶操縦士←2級小型船舶操縦士
② 特殊小型船舶操縦士
平成15年6月から，特殊小型船舶操縦士免許が新設された（道路交通法の原付免許と同じようなものである。）。

なお，平成15年6月1日以前に取得していた小型の操縦者免許の免許に対する新資格の区分は，次のとおりである。

改正前級名	改正後の級名（新資格）	操船可能な船舶の大きさ（総トン数）	航行可能な区域
1　級	1級＋特殊小型	20トン未満	全ての水域
2　級	1級＋特殊小型	20トン未満	沿海，20海里未満
3　級	2級＋特殊小型	20トン未満	平水，5海里未満
4　級	2級（5トン未満）＋特殊小型	5トン未満	平水，5海里未満
5　級	2級（5トン未満・1海里限定）＋特殊小型	5トン未満	湖，川，平水，1海里未満
4，5級（湖川小出力限定）	2級（5トン未満・15KW未満限定）	5トン未満エンジン出力15KW	湖，川，指定区域

なお，新制度後に，1級・2級小型船舶操縦士の免許を取得した場合には，特殊小型船舶操縦士の資格が与えられていないので，別個に取得する必要がある。

6　船舶職員及び小型船舶操縦者法における船舶職員の乗組みに関する基準（以下「乗組み基準」という。）及び小型船舶操縦者の乗船に関する基準（以下「乗船基準」という。）

　大型船舶の船舶職員として船舶に乗り組ませるべき者の資格及び定員数については，船舶職員及び小型船舶操縦者法施行令5条に規定されている。そこで示されている乗組み基準に関する別表第1において，「1　甲板部」から「9　引かれて航行する船舶」まで，部署別など個別的に定められている。ちなみに，この表を「配乗表」と呼ぶ。

　船舶職員及び小型船舶操縦者法18条や21条に関する違反は，この表の規準に違反した場合の違反である。

　ちなみに，その船舶職員の乗組み基準に関する配乗表（総トン数20トン以上の船舶）は次のとおりである。

船舶職員配乗表（航海）

航行区域	遠洋区域を航行区域とする船舶及び甲区域内において従業する漁船				近海区域を航行区域とする船舶及び乙区域内において従業する漁船				近海区域を航行区域とする船舶であって国土交通省令で定める区域のみを航行するもの（限定近海区域）			沿海区域を航行区域とする船舶及び丙区域において従業する漁船		平水区域を航行区域とする船舶	
トン数	船長	一航士	二航士	三航士	船長	一航士	二航士	三航士	船長	一航士	二航士	船長	一航士	船長	一航士
5000	一級	二級	三級	三級	一級	三級	四級	五級	三級	四級	五級	三級	四級	四級	五級
1600	二級	二級	三級	四級	三級	四級	五級	五級	四級	五級	五級	四級	五級	四級	五級
500	二級	三級	四級		三級	四級	五級		四級	五級	五級	四級	五級	五級	
200	三級	四級	五級		四級	五級			四級	五級		五級	六級	五級	
	四級	五級			五級				五級			六級		六級	

・トン数は国際トン数証書を保有する船舶については，当該証書に記載されるトン数，それ以外の船舶については，トン数測度法による総トン数である。
・職務を執る際に，一定の乗船履歴が要求されるものがある。

船舶職員配乗表（機関）

航行区域	遠洋区域を航行区域とする船舶及び甲区域内において従業する漁船				近海区域を航行区域とする船舶及び乙区域内において従業する漁船				近海区域を航行区域とする船舶であって国土交通省令で定める区域のみを航行するもの（限定近海区域）			沿海区域を航行区域とする船舶及び丙区域において従業する漁船		平水区域を航行区域とする船舶	
キロワット	機関長	一機士	二機士	三機士	機関長	一機士	二機士	三機士	機関長	一機士	二機士	機関長	一機士	機関長	一機士
6000	一級	二級	三級	三級	一級	三級	四級	五級	三級	四級	五級	三級	四級	四級	五級
3000	二級	二級	三級	四級	三級	四級	五級	五級	四級	五級		四級	五級		
1500	二級	三級	四級		三級	四級	五級							五級	
750	三級	四級	五級		四級	五級			四級	五級		五級	六級		
	四級	五級			五級				五級			六級		六級	

・職務を執る際に，一定の乗船履歴が要求されるものがある。

　これに対し，20トン未満の小型船舶に乗船させるべき者の資格については，同施行令10条に規定されている。そこで示されている乗船基準の適用に関する別表第2の表の適用を受けることとなる。その別表第2によると，特殊小型船舶の場合は特殊小型船舶操縦士の資格が，沿岸小型船舶の場合は1級小型船舶操縦士又は2級小型船舶操縦士の資格が，外洋小型船舶の場合は1級小型船舶操縦士の資格がそれぞれ必要とされている。

　その乗船基準を示すと次のとおりである。

第2編　海事関係法令の解説と犯罪事実の記載例　49

小型船舶の乗船基準（総トン数20トン未満の船舶）

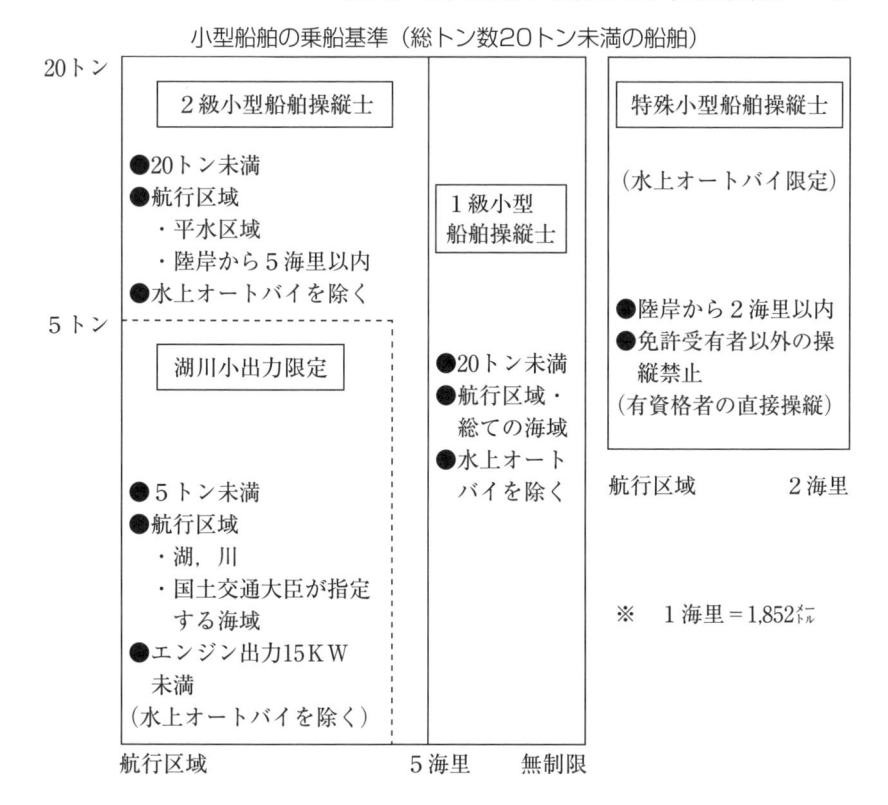

```
20トン ┌─────────────────────┬─────────┬─────────────────┐
       │   2級小型船舶操縦士      │         │  特殊小型船舶操縦士   │
       │                          │         │                     │
       │ ●20トン未満              │         │  （水上オートバイ限定） │
       │ ●航行区域                │ 1級小型 │                     │
       │   ・平水区域             │船舶操縦士│                     │
       │   ・陸岸から5海里以内    │         │                     │
       │ ●水上オートバイを除く    │         │ ●陸岸から2海里以内   │
 5トン ├┄┄┄┄┄┄┄┄┄┄┄┄┄┄┄┤         │ ●免許受有者以外の操  │
       │      湖川小出力限定       │         │   縦禁止            │
       │                          │         │ （有資格者の直接操縦） │
       │                          │●20トン未満│                   │
       │                          │●航行区域・│                   │
       │                          │ 総ての海域│                   │
       │ ●5トン未満               │●水上オート│                   │
       │ ●航行区域                │ バイを除く│                   │
       │   ・湖，川               │         │ 航行区域    2海里    │
       │   ・国土交通大臣が指定    │         │                     │
       │    する海域              │         │                     │
       │ ●エンジン出力15KW        │         │ ※  1海里＝1,852メートル│
       │   未満                   │         │                     │
       │ （水上オートバイを除く）   │         │                     │
       └─────────────────────┴─────────┴─────────────────┘
        航行区域                    5海里    無制限
```

　なお，大型船舶及び小型船舶に関する乗組み基準及び乗船基準に関する主な違反に関し，船舶職員及び小型船舶操縦者法における罰条，適用条文は次表のとおりである。

有資格者を乗り組ませない又は乗船させない罪
（6月以下の懲役又は100万円以下の罰金）

種　別	罰　条	適　条	除外事由
大型船舶	30条の3第1号	18条1項 施行令5条，別表第1	18条1項ただし書，19条1項，20条
小型船舶	30条の3第1号	23条の31第1項 施行令10条，別表第2	23条の31第1項ただし書，同条2項，23条の32

無資格者乗組み・乗船の罪（30万円以下の罰金）

種　別	罰　条	適　条	除外事由
大型船舶	31条1号	21条1項 施行令5条，別表第1	22条，20条
小型船舶	31条1号	23条の33 施行令10条，別表第2	23条の34，23条の32

第4節　船舶職員及び小型船舶操縦者法違反の犯罪事実記載例

1　有資格者を乗り組ませない罪・乗船させない罪（6月以下の懲役又は100万円以下の罰金）

(1)　大型船舶（30条の3第1号，18条1項，33条，同法施行令5条，別表第1）

　　被疑者株式会社〇〇は，神戸市中央区〇〇に本店を置き，沿海区域を航行区域とする石材運搬船である汽船〇〇丸（総トン数〇〇〇トン，推進機関の出力〇〇〇ワット）(注1)を所有して海上運送業を営む事業者であり，被疑者△△は，同社の代表取締役として同船の運航及び船舶職員の配乗に関して責任を有するものであるが，被疑者△△は，同会社の業務に関し，法定の除外事由がないのに(注2)，平成〇〇年〇月〇日午前〇〇時〇〇分ころから同日午後〇〇時〇〇分ころまでの間，〇〇市〇〇町所在の〇〇港から〇〇市〇〇区所在の〇〇防波堤灯台から真方位約〇〇度約〇〇メートル付近海上に至るまでの間，同船に機関長として6級海技士（機関）又はこれより上級の資格の乗組み基準に従った海技免状を受有する海技士(注3)を乗り組ませずに同船を航行させたものである(注4)。

（注１）　同法18条１項では，船舶の用途，航行区域，大きさ，推進機関の出力などを考慮して，船舶職員の乗組み基準を定めている。
（注２）　18条１項ただし書き，19条１項，20条。
（注３）　施行令５条，別表第１各号の配乗表。
（注４）　船舶所有者が法定の資格のある船舶職員を乗り組ませたにもかかわらず，同資格者において，雇入れ期間中に無断下船した場合には，所有者を処罰することはできない。しかし，下船を知った時点で，改めて乗り組ませるべき義務を生じる。
　　　　　次に，船長が，下船者があったため18条１項違反の状態にあることを知りながら，当該船舶を航行させた場合，船長を両罰規定における行為者として処罰できるかという点については，船長の職務の中に船舶職員を乗組ませるべき義務はないから，船舶所有者等から，特に船舶職員の雇入れとその配置に関する権限を付与された場合を除き，船長を行為者として処罰することはできない。

(2)　小型船舶（30条の３第１号，23条の31第１項，同法施行令10条，別表第２）

　　被疑者は，沿岸小型船舶である汽船○○丸（総トン数○○トン）の所有者であるが，法定の除外事由がないのに，平成○○年○○月○○日午前○○時○○分ころ，○○市○○町所在の○○防波堤灯台から真方位○○度約○○メートル付近海上において，同船を航行させるに際し，乗船基準に従い，同船に２級小型船舶操縦士又は１級小型船舶操縦士の資格に係る操縦免許証を受有する小型船舶操縦士を乗船させなかったものである。

（注１）　小型船舶には，特殊小型船舶，沿岸小型船舶，外洋小型船舶の区分がある（施行令10条，別表第２及び備考）。
　　　　　小型船舶は，総トン数20トン未満の船舶である。
（注２）　同法23条の31第１項ただし書き，同条２項，23条の32。
（注３）　施行令10条，別表第２。
（注４）　施行令10条別表第２に小型船舶の種類により資格が区分されている。

(3)　特殊小型船舶（水上オートバイ）に有資格海技士を乗船させない罪，無資格者乗船の罪（30条の３第１号，23条の31第１項，31条１号，23条の33，同法施行令10条，別表第２）

被疑者は，特殊小型船舶（水上オートバイ）である汽船○○丸（船舶の長さ2.35メートル，総トン数0.2トン）の所有者であるが，法定の除外事由がないのに(注1)，平成○○年○○月○○日午後○○時○○分ころ，神戸市○○区地先の○○灯台から真方位○○度約○○キロメートル付近海上において，同船舶を航行させるに際し，特殊小型船舶操縦士の操縦免許証を受有していないのに，同船舶に小型船舶操縦者として自ら乗船し，かつ，同船舶の乗船基準に従わず，特殊小型船舶操縦士の操縦免許証を受有する小型船舶操縦士を乗船させなかったものである(注2)。

(注1)　23条の31第1項ただし書，同条2項，23条の32，23条の34。
(注2)　船舶所有者が，法定の資格を有しないのに，自ら小型船舶操縦士として乗船した場合，無資格者乗船の罪のほかに有資格者を乗船させない罪が成立するのか，また，両罪が成立するとして，併合罪か観念的競合なのかについては両説があったが，観念的競合の関係にあることで見解は一致している（福岡高那覇支判昭和63.4.14判時1276・142）。

2　無資格者乗組み・乗船の罪 （30万円以下の罰金）

(1)　大型船舶（31条1号，21条1項，同法施行令5条，別表第1）

被疑者は，乗組み基準に必要とされる6級海技士（機関）又はこれより上級の資格に係る海技免状を有しておらず，かつ，法定の除外事由がないのに(注1)，平成○○年○○月○○日午後○○時○○分ころ，○○市○○地先所在の○○灯台から真方位○○度約○○キロメートル付近海上において，同船舶を航行させるに際し，沿海区域を航行区域とする石材運搬船である汽船○○丸（総トン数465トン，推進機関の出力551キロワット）に機関長として乗り組んだものである(注2)。

(注1)　同法22条，20条。
船舶の用途，航行区域，大きさ，推進機関の出力により，甲板部，機関部それぞれに乗組み基準（配乗表）が定められている。
本事例に場合には，航行区域は沿海区域，総トン数465トン（200トン以上500トン未満），推進機関の出力551キロワット（750キロワット未満）であることから，前記船舶職員配乗表（機関）のとおり，機関部の船舶職員は機関長1名が必

要であり，6級海技士（機関）以上の資格が必要になる。ちなみに，甲板部の船舶職員は，船長1名が必要であって，5級海技士（航海）以上の資格を要する。

(2)　小型船舶（31条1号，23条の33，同法施行令10条，別表第2）

　　被疑者は，2級小型船舶操縦士又は1級小型船舶操縦士の操縦免許証を受有しておらず，かつ，法定の除外事由がないのに，平成○○年○○月○○日午前○○時○○分ころ，○○市○○町○○灯台から真方位○○度約○○メートル付近海上において，同船舶を航行させるに際し，沿岸小型船舶である汽船○○丸（注）（総トン数4.9トン）に小型船舶操縦者として乗船したものである。

（注）　施行令10条，別表第2，備考。

(3)　特殊小型船舶（水上オートバイ）（31条1号，23条の33，同法施行令10条，別表第2）

　　被疑者は，特殊小型船舶操縦士の操縦免許証を受有せず，かつ，法定の除外事由がないのに，平成○○年○○月○○日午後○○時○○分ころ，○○県○○市地先○○灯台から真方位○○度約○○キロメートル付近海上において，同船舶を航行させるに際し，特殊小型船舶（水上オートバイ）である汽船○○丸（船舶の長さ2.35メートル，幅0.98メートル，最大とう載人員1名）に小型船舶操縦者として乗船したものである。

(4)　特殊小型船舶（水上オートバイ）の船舶検査証書等未受有船舶航行，有資格海技士を乗船させない罪，無資格者乗船の罪（船舶安全法18条1項1号，船舶職員及び小型船舶操縦者法31条1号，23条の33，30条の3第1号，23条の31第1項，同法施行令10条，別表第2）

　　被疑者は，特殊小型船舶（水上オートバイ）である汽船○○丸（船舶の長さ2.35メートル，幅0.98メートル，最大とう載船員1名）の所有者であるが，法定の除外事由がないのに（注1），平成○○年○○月○○日午後○○時○○分ころ，○○市○○区地先の○○灯台から真方位○○度約○○キロメ

ートル付近海上において，同船舶を航行させるに際し，特殊小型船舶操縦士の操縦免許証を受有していないのに，同船舶に小型船舶操縦者として自ら乗船し，かつ，同船舶の乗船基準に従わず，特殊小型船舶操縦士の操縦免許証を受有する小型船舶操縦士を乗船させなかった上，船舶検査証書又は臨時航行許可証を受有していない同船舶を航行の用に供したものである。[注2]

（注1）　船舶安全法施行規則44条，船舶職員及び小型船舶操縦者法23条の31第1項ただし書き，23条の32，23条の34。
（注2）　上記の船舶安全法違反と船舶職員及び小型船舶操縦者法違反の各罪に関しては，それらが併合罪であるとの見解と，観念的競合であるとの見解がある。
　　　　併合罪であるとする見解の根拠の一つとしては，「船舶を航行の用に供する」とは，船舶が水域を移動できる状態に置くことをいい，「船舶に乗り組む又は乗船」とは，船舶の職員としてその種別に従い，船舶の航行組織の一員として現に執務できる体勢をいうのであって，後者は，人的物的設備の面における航行準備行為を始めたときに開始するから，両行為の始期が食い違うこともあり得るので，一つの行為と見ることは困難である場合があることを挙げる。
　　　　しかし，いずれの罪も継続犯であると解されるから，船舶に船長として乗り組み，これを航行の用に供した場合，自然的観察，社会的見解上，航行のためにする一連の操船行為により両罪が成立すると解され，船舶安全法上の「船舶検査証書等を受有していない船舶を航行の用に供する罪」（18条1項1号）と船舶職員及び小型船舶操縦者法上の「船舶所有者が所定資格者を乗り組ませない罪」（23条の31第1項）及び「所定資格のない者が船舶に乗り組む罪」（23条の33）との罪数関係については，観念的競合の関係にあると解すべきであろう（参照：「罪数関係執務資料」（刑事裁判資料第19号）最高裁判所事務総局刑事局監修，法曹会発行237ページ以下）。

3　業務停止処分を受けた海技士等を乗り組ませた罪（30条の3第2号，10条1項　6月以下の懲役又は100万円以下の罰金）

　被疑者は，沿海区域を航行区域とする汽船○○丸（総トン数465トン）を所有しているものであるが[注1]，平成○○年○○月○○日午前○○時○○分ころ，○○市○○町○○灯台から真方位○○度約○○メートルの海上において，同船舶を航行させるに際し，この法律に基づく命令の規定に違反したため国土交通大臣より平成○○年○○月○○日から同年○○月○○日までその業務を停止する旨の処分を受けた1等航海士○○○○を，1等航海士[注2]

として，同船舶に乗り組ませたものである。$^{(注3)}$

(注1)　本罪の主体は，通常は，所有者であろう。
(注2)　ここでは「1等航海士」を例として挙げたが，この欄には船舶職員の職種を記載する。
(注3)　資格の取消しではなく，停止の場合は，本罪が成立し，18条1項の違反は成立しない。

4　業務停止処分違反（31条2号，10条1項　30万円以下の罰金）

　被疑者は，5級海技士（航海）の海技免状を受有するものであるが，船舶職員として職務を行うに当たり非行があったため，平成○○年○○月○○日，国土交通大臣より平成○○年○○月○○日から同年○○月○○日まで，その業務を停止する旨の処分を受けたのに$^{(注1)}$，平成○○年○月○○日午前○○時○○分ころ，兵庫県○○市地先○○灯台から真方位○○度約○○キロメートル付近海上において，沿海区域を航行区域とする砂利運搬船である汽船○○丸（総トン数465トン）に船長として乗り組み，その業務を行ったものである。$^{(注2)}$

(注1)　本罪の主体は，業務の停止処分を受けた者に限られる。
　　　　業務の停止処分は，海難審判法又は本法10条1項により行われる。
(注2)　行為は，「業務を行った」とされているが，「乗り組み」と実質的には同じ意味である。
　　　　業務停止中でなければ当該海技士として本来行うことができる船舶職員の業務を行うことによって成立する。本来，当該海技士として職務を行うことのできない船舶職員として乗り組んだ場合には，本罪を構成するのではなく，21条1項又は23条の33違反を構成する。
　　　　本事例の場合には，航行区域が沿海区域，総トン数は465トン（200トン以上500トン未満）であるから，船長は5級海技士（航海）以上，一等航海士としては6級海技士（航海）以上の資格を有する船舶職員の乗組みが必要となる。前出の乗組み基準を参照。

第5章　海上交通安全法及び港則法等

第1節　海上における航行の安全に関する法規の概要

1　海洋は，古くから船舶の交通路として利用されてきた。様々な国の各種船舶がなんらのルールもなしに航行することは危険極まりない。そのため，海上における船舶の衝突を予防し，船舶交通の安全を図るための国際的な海上交通ルールの制定が要請され，数々の国際会議を経て，国際海事機関（旧政府間海事協議機関）による国際会議において，「1972年の海上における衝突予防のための国際規則に関する条約」が採択された。我が国も，これに準拠して，昭和52年6月，それまでの海上衝突予防法をすべて改正して，新たな海上衝突予防法を制定した。

この法律では，船舶の航法，灯火，形象物，音響信号，発光信号等につき基本的な規定を設けており，領海，公海を問わず，すべての海域に適用される船舶航法等の大原則を示している。港湾その他一定の海域については，それぞれの自然的条件や海域利用に特殊性があるため，一般的な交通ルールである海上衝突予防法だけでは船舶間の衝突を予防するには不十分である場合がある。そのため，我が国においては，船舶交通のふくそうしている東京湾，伊勢湾及び瀬戸内海については，海上交通安全法，港湾（港内）については，港則法という海上衝突予防法の特別法を定めている（「海上衝突予防法の解説」8ページ：海上保安庁監修）。

また，そもそも，海上衝突予防法は，「航海術の運用マニュアル」的な性格を有しており，各種の義務規定を設けながらも罰則を定めていない。

そのため，海上事故が発生した後，その事故がいかなる義務違反によるのかを特定する上では，同法は，重要な法律である。ただ，同法41条1項において，港則法又は海上交通安全法の定めがあるときは，これらによると規定し，港則法や海上交通安全法が優先することになっていることに注意する必要がある。

なお，港則法及び海上交通安全法については，平成21年7月3日法律第69号により改正されて，罰金額がほぼ10倍に引き上げられた。但し，施行は平成22年7月1日からとなっている。本書では，改正後の条文や罰金額にした

がっている。

2　海上交通安全法は，船舶交通が最もふくそうする東京湾，伊勢湾及び瀬戸内海のうち，港，港湾区域，漁港の区域内，政令（海上交通安全法施行令）で定める海域以外の海域における船舶交通につき特別の交通方法を定めるとともに，その危険を防止するための規制を行うことにより，船舶交通の安全を図ることが目的（1条）で，種々の罰則も設けられている。
　したがって，事故の結果が起きなくても，前記の海域を航法その他の規制違反をして航行する船舶については，日本船舶のみならず，すべての船舶を検挙処罰できることとなっている。

3　次に，港則法は，港内における船舶交通の安全及び港内の整とんを図ることを目的としている（1条）。
　本法が適用される港及びその区域は，同法2条に基づき，港則法施行令1条，別表第1に，非常に細かく個別的に明記されている。さらに，同法では，特に喫水の深い船舶が出入りできる港等として「特定港」が定義され（3条2項），この特定港は，港則法施行令2条，別表第2に明記されている。
　なお，ここで同法にしばしば登場する特殊な用語について若干説明する。
　まず，同法においては，「港長」という用語が多く使用されている（4条，5条等）。「港長」とは，海上保安庁長官が海上保安官の中から命ずるもので（海上保安庁法21条1項），その職務は，海上保安庁長官の指揮監督を受け，港則に関する法令に規定する事務を掌ることとなっている（同法21条2項）。実際には，港長は，海上保安部長又は海上保安署長が兼務している。
　また，同法9条，11条等には，「停泊」と「停留」という区別して使われている用語がある。「停泊」とは，びょう泊とけい留を指し，けい留とは，けい船浮標，桟橋，岸壁及びその他施設につなぎとめることをいい，同法5条による停泊する際には，これらの方法をとることが規定されている。「停留」とは，航行中のひとつの状態で，停泊の場合ではなく，推進力を用いると否とにかかわらず，水上で停止していることをいう。

58　第5章　海上交通安全法及び港則法等

　4　前記の3つの法律の他にも，海上交通の安全に関するものとして，港湾法と航路標識法が挙げられる。
　港湾法は，交通の発達及び国土の適正な利用と均衡ある発展に資するため，環境の保全に配慮しつつ，港湾の秩序ある整備と適正な運営を図るとともに，航路を開発し，及び保全することを目的とし（1条），港湾水域の無許可占有などに対する規制なども定めている。
　航路標識法は，航路標識を整備し，その合理的かつ能率的な運営を図ることによって船舶交通の安全を確保することなどを目的としている（1条）。

第2節　海上交通安全法違反の犯罪事実記載例
 1　航路外航行（41条，4条，施行規則3条　50万円以下の罰金(注1)）
(1)　明石海峡航路
　　ア　被疑者は，汽船○○丸（船の長さ55メートル(注2)，総トン数○○トン）に船長として乗り組んでいるものであるが，淡路島鵜崎（北緯34度34分31秒，東経135度1分32秒）から平磯灯標（北緯34度37分18秒，東経135度3分55秒）の方向に7,500メートルの地点まで引いた線上の地点と，江埼灯台（北緯34度36分23秒，東経134度59分36秒）から328度30分に引いた線上の地点(注3)の間を航行しようとするときは，明石海峡航路(注4)の全区間(注5)をこれに沿って航行しなければならないにもかかわらず，法定の除外事由がないのに(注6)，平成○○年○○月○○日午後○○時○○分ころから同日午後○○時○○分ころまでの間，上記○○丸を操縦して，明石海峡航路外である江埼灯台から真方位77度約6,600メートルの地点と同灯台から真方位72度約4,800メートルの地点までの間，約1,900メートルの海上を西方に向けて航行し，もって，同航路の全区間をこれに沿って航行しなかったものである。

　　（注1）　平成21年法律第69号（平成21年7月3日公布）により法改正がされ，同法違反による罰金額が大幅に引き上げられた。なお，施行は公布から1年以内とされているので，施行前の処理の際には，法定刑に注意する。
　　（注2）　同法4条にいう船の長さは，施行規則3条に長さ50メートル以上と定めている。

(注3)　4条にいう「2の地点の間」は，施行規則3条及び別表第1に定めてあり，本記載例は，そのうちの別表第1の7に当たる。
(注4)　航路の名称は，同法の別表に明記してある。
(注5)　当該航路の区間は，施行規則別表第1下欄に記載してある。明石海峡航路の場合は，全区間を航路に沿って航行しなければならない。
　　　　なお，2地点の間にある港などから出航して航路を横断する場合，2地点の間にある港などから出航してその外に出る場合，2地点の外からその間にある港に入る場合などは該当しない。
(注6)　4条ただし書き及び施行規則3条ただし書き。

イ　被疑者は，汽船○○丸（船の長さ○○メートル，総トン数○○トン）に船長として乗り組んでいるものであるが，平成○○年○○月○○日午後○○時○○分ころから同日午後○○時○○分ころまでの間，同船を操縦して，○○県淡路島鵜崎から平磯灯標の方向に7,500メートルの地点まで引いた線上の地点と同島江埼灯台から328度30分に引いた線上の地点との間を航行するに際し，法定の除外事由がないのに，前記江埼灯台から真方位77度約6,600メートルの地点から同灯台から真方位72度約4,800メートルの地点までの間，約1,900メートルの海上を航行し，もって，明石海峡航路の全区間をこれに沿って航行しなかったものである。(注)

(注)　前記アの記載の仕方を簡略した記載例である。

(2)　中ノ瀬航路

　　被疑者は，石材運搬船である汽船○○丸（船舶の長さ56.71メートル，総トン数299トン）に船長として乗り組み，操船業務に従事していたものであるが，神奈川県横浜市金沢区柴町所在の小柴埼から真方位120度4,300メートルの地点から145度7,000メートルの地点まで引いた線及び同地点から千葉県富津市富津字黒塚2432番地所在の第1海堡南西端まで引いた線上の地点と，横浜大黒防波堤東灯台（北緯35度27分24秒東経139度42分25秒）から114度11,000メートルの地点まで引いた線上の地点(注)の間を航行しようとするときは，その間に位置する中ノ瀬航路の全区間をこれ

に沿って航行しなければならないにもかかわらず，法定の除外事由がないのに，平成○○年○○月○○日午前○時○○分ころから同日午前○時○○分ころまでの間，上記汽船○○丸を操縦して，上記中ノ瀬航路路外である同市富津字洲端2433番地所在の第2海堡灯台から真方位322度約26,000メートル付近海上から，同灯台から真方位352度約12,350メートルの地点までの間，約10,000メートルの海上を航行し，もって，中ノ瀬航路の全区間をこれに沿って航行しなかったものである。

（注）　施行規則3条，別表第1の4。

(3) 伊良湖水道航路

被疑者は，砂利運搬船である汽船○○丸（総トン数494トン，船舶の長さ70.5メートル）に船長として乗り組み，操船業務に従事していたものであるが，城山山頂（北緯34度35分26秒，東経137度3分41秒）から224度7,500メートルの地点まで引いた線及び同地点から神島灯台（北緯34度32分55秒，東経136度59分11秒）まで引いた線上の地点と，伊良湖港防波堤灯台（北緯34度35分18秒，東経137度1分12秒）から314度1,430メートルの地点まで引いた線，同地点から224度4,500メートルの地点まで引いた線及び同地点から神島灯台まで引いた線上の地点の間(注)を航行しようとするときは，その間に位置する伊良湖水道航路の全区間をこれに沿って航行しなければならないにもかかわらず，法定の除外事由がないのに，平成○○年○月○○日午後○時○分ころから同日午後○時○分ころまでの間，上記○○丸を操縦して，上記伊良湖水道航路外である伊良湖岬灯台（北緯34度34分46秒，東経137度58秒）から真方位226度，約1,550メートルの地点と同灯台から真方位315度，約1,850メートルの地点までの間，約1.3海里（約2,400メートル）の海上を北方へ向けて航行し，もって，同航路の全区間をこれに沿って航行しなかったものである。

（注）　施行規則3条，別表第1の6。

2 速力違反（41条，5条，施行規則4条　50円以下の罰金(注1)）

　被疑者は，汽船○○丸（総トン数○○トン）に船長として乗り組んでいるものであるが，平成○○年○○月○○日午後○○時○○分ころ，同船を操縦して，備讃瀬戸北航路の東側出入口の境界線と本島ジョウケンボ鼻から牛島北東端まで引いた線との間の航路の区間を西進する(注2)に際し，法定の除外事由がないのに(注4)，法令で定める速力12ノットを超える速力○○ノット(注3)で航行したものである。

(注1)　前記1(1)（注1）参照。
(注2)　被疑者の船が実際に航行した区間をもっと具体的に特定できるのであれば，更に詳細に記載する方がより好ましい。
(注3)　横断する場合は制限の対象でないことから，被疑者の行為が横断でないことを示す。
(注4)　5条ただし書き。

3 明石海峡航路右側航行違反（41条，15条　50万円以下の罰金(注1)）

　被疑者は，汽船○○丸（総トン数○○トン）の船長であるが，平成○○年○○月○○日午後○○時○○分ころから同日午後○○時○○分ころまでの間，同船で兵庫県明石海峡航路を東方に向かって航行するに際し，同航路の1号ブイから2号ブイの間中央から左の部分を進行し(注2)，もって，同航路の中央から右の部分を航行しなかったものである。

(注1)　前記1(1)（注1）参照。
(注2)　「進行し」は「航行し」と書いてもよいが，「航行するに際し○○航行し，もって，○○航行しなかった」と同じ言葉を3つも使うのを避けるため，あえて「進行し」と記載した。

4 備讃瀬戸北航路西行違反（41条，18条1項　50万円以下の罰金(注)）

　被疑者は，汽船○○丸（総トン数○○トン）の船長であるが，平成○○年○○月○○日午後○○時○○分ころ，同船を操船して○○県○○市○○町○○港防波堤灯台北方約1,200メートルの備讃瀬戸北航路をこれに沿って航行するに際し，東の方向に進行し，もって，西の方向に航行しなかったものである。

(注) 前記1⑴(注1)参照。

第3節　港則法違反の犯罪事実記載例

1　危険物積載船舶の指定場所外停泊（38条1号，22条　6月以下の懲役又は50万円以下の罰金）^(注1)

　　被疑者は，汽船○○丸（総トン数○○トン）に船長として乗り組んでいるものであるが，法定の除外事由がないのに^(注2)，平成○○年○○月○○日午前○○時○○分ころ，○○市○○町の特定港である^(注3)○○港内において，○○港長○○○○の指定した場所でない○○○に，危険物である引火性液体類（灯油）○○キロリットルを積載した同船を停泊させたものである。^(注4)

　　(注1)　平成21年法律第69号（平成21年7月3日公布）により法改正がされ，前述のとおり，同法違反による罰金額が大幅に引き上げられた。なお，施行は公布から1年以内の平成22年7月1日とされているので，施行前の処理の際は，法定刑に注意する。
　　(注2)　同法22条ただし書き，その他，7条，10条，23条1項，23条4項の規定により港長の許可命令等を受けた船舶は本条による指定を受ける必要はない。
　　　　　なお，本条に「びょう地の指定を受けるべき場合」とあるのは，5条の場合を指している。
　　(注3)　特定港であることを明記する。施行令2条，別表第2。
　　(注4)　21条2項，施行規則12条，港則法施行規則の危険物の種類を定める告示（昭和54年運輸省告示547号）。
　　　　　港則法21条1項で定める「危険物の種類」は，同法施行規則12条の告示で定めるとされている。そこには，港則法施行規則の危険物も定められている。

2　危険物の無許可運搬（38条1号，23条4項　6月以下の懲役又は50万円以下の罰金）^(注1)

　　被疑者は，汽船○○丸（総トン数○○トン）の船長であるが，平成○○年○○月○○日午前○○時○○分ころ，特定港○○港内である○○市○○町○○川河口付近海上において，○○港長の許可を受けないで，同船に危険物であるプロパンガス○○キログラム（ボンベ11本入り）を積載して，航行し，もって，港長の許可を受けないで特定港内において危険物を運搬したものである。^(注2)

（注1）　前記1（注1）参照。
（注2）　「もって」以下を省略してもよい。

3　法定区域外停泊（39条1号，5条1項，施行規則3条，別表第1　3月以下の懲役又は30万円以下の罰金）[注1]

　　被疑者は，各種船舶である汽船〇〇丸（総トン数〇〇トン）の船長であ[注2]るが，平成〇〇年〇〇月〇〇日午前〇〇時〇〇分ころ，〇〇市〇〇町の特定港である〇〇港内において，同船を停泊させるに当たり，第1区内に停[注3]泊し，もって，国土交通省令の定める区域に停泊しなかったものである。[注4]

（注1）　前記1（注1）参照。
（注2）　施行規則3条，別表第1により船舶のトン数，積載物の種類に従い，停泊すべき区域が定められている。
（注3）　「特定港」とは，喫水の深い船舶が出入りできる港又は外国船舶が常時出入りする港であって，政令で定めるものをいう（港則法3条2項，施行令2条）。
（注4）　各港によりそれぞれ定まっている。施行規則別表第1参照。

4　びょう泊場所未指定停泊違反（39条2号，5条2項　3月以下の懲役又は30万円以下の罰金）[注1]

　　被疑者は，〇〇所有の貨物船〇〇丸（総トン数〇〇トン）に船長として乗り組んでいるものであるが，法定の除外事由がないのに，びょう泊すべ[注2]き場所の指定を〇〇港長から受けないで，平成〇〇年〇〇月〇〇日，〇〇市〇〇町の特定港である〇〇港内の〇〇に上記船舶を停泊させたものである。

（注1）　前記1（注1）参照。
（注2）　5条2項本文。

5　航路外航行（39条1号，12条，施行規則8条，別表第2　3月以下の懲役又は30万円以下の罰金）[注1]

　　被疑者は，雑種船以外の船舶である汽船〇〇丸（総トン数〇〇トン）に[注2]

船長として乗り組んでいるものであるが，法定の除外事由がないのに，平成○○年○○月○○日午前○○時○○分ころ，同船を操縦して，特定港である関門港内を南西から北東に向け通過するに際し，国土交通省令の定める関門航路等を航行せず，航路外である○○市○○区○○町第２船溜り防波堤南灯台から真方位○○度約○○メートルの海域を航行し，もって，特定港内を通過するに国土交通省令の定める航路によらなかったものである。

(注１) 前記１（注１）参照。なお，罰条も改正されている。
(注２) 雑種船の定義は３条１項で規定されており，「汽艇，はしけ及び端舟その他ろかいのみをもって運転し，又は主としてろかいをもって運転する船舶」とされている。
(注３) 12条ただし書き。
(注４) 施行規則８条，別表第２に特定港の航路の区域と条件が明記されている。航路の設けてない特定港もある。本件の関門港では，関門航路等いくつもの航路があるが，そのいずれをも航行していないことを明示するほうがよい。
(注５) 航路を斜行し，又は横切ることは航路によることとはならない。
　　　しかし，停泊場所に向かうため最も適した地点から航路外に出ることは差し支えない。

６　航路内投びょう違反（39条１号，13条　３月以下の懲役又は30万円以下の罰金）(注１)

被疑者は，○○所有の貨物船○○丸（総トン数○○トン）に船長として乗り組んでいるものであるが，法定の除外事由がないのに，平成○○年○○月○○日午前○○時○○分ころ，○○市○○町の特定港である○○港の第○航路内において，上記船舶を航行中，投びょうしたものである。

(注１) 前記１（注１）参照。なお，罰条も改正されている。
(注２) 13条１号から４号。

７　船舶交通制限違反（39条１号，36条の３第１項，第４項，同施行規則20条の２　３月以下の懲役又は30万円以下の罰金）(注１)

被疑者は，汽船○○丸（総トン数○○トン）に船長として乗り組んでい

るものであるが、平成○○年○月○日午後○時○分ころ、特定港内の水路(注2)である阪神港内の浜寺水路に入航するに際し、同港港長が交通整理のため設けている大阪府堺市○○町所在の浜寺信号所において、同日午前○時○分から午前○時○分までの○分間「浜寺水路は港長の指示を受けた船舶以外の船舶は入出航してはならない」旨の信号を行っていたのに、これに従うことなく、同市○○町地先所在の○○灯台から真方位○○度約○○キロメートル付近海上において、同船を同水路に進入させ、もって、港長が信号所において交通整理のため行う信号に従わなかったものである。

(注1) 前記1(注1)参照。なお、罰条も改正されている。
(注2) 「命令の定める水路」と「航路」を混同しないこと。

8 停泊船舶の移動命令違反（39条3号、10条　3月以下の懲役又は30万円以下の罰金(注)）

被疑者は、貨物船○○丸（総トン数○○トン）に船長として乗り組んでいるものであるが、平成○○年○○月○○日、特定港である○○港港長○○○○より、○○市○○町の同港内○○○に停泊中の同船につき、同月○○日午前○○時までに同港内○○○に移動すべきことを命ぜられたにもかかわらず、上記期限を経過した同月○○日まで、同船を前記○○○○に停泊させたまま放置し、上記命令に従わなかったものである。

(注) 前記1(注1)参照。

9 船舶交通の航泊禁止違反（39条3号、37条1項　3月以下の懲役又は30万円以下の罰金(注)）

被疑者は、汽船○○丸（船舶の長さ○○メートル、総トン数○○トン）に船長として乗り組んでいるものであるが、平成○○年○月○○日午後○○時○○分ころ、神戸港長が航泊禁止区域と公示していた○○市○○区地先所在の○○防波堤灯台から真方位○○度約○○キロメートル付近海上を航行し、もって、港長による交通の制限に従わなかったものである。

（注）　前記１（注１）参照。なお，罰条も改正されている。

10　海難発生時の危険予防措置，報告義務違反（39条6号，25条　3月以下の懲役又は30万円以下の罰金）^(注1)

　被疑者は，貨物船○○丸（総トン数○○トン）に船長として乗り組んでいるものであるが，平成○○年○○月○○日午前○○時○○分ころ，○○市○○町の特定港である○○港第２区において，同船のディーゼル機関が爆発し船底中央部を破損する海難が発生し，航行不能に陥って他船舶の交通を阻害する状態が生じたのに，遅滞なく標識を設定する等危険予防のため必要な措置を講ぜず^(注2)，かつ，法定の除外事由がないのに^(注3)，その旨を○○港長に報告しなかったものである。

（注１）　前記１（注１）参照。なお，罰条も改正されている。
（注２）　海上交通安全法33条，同法施行規則28条に定められているのと同様に考えてよい。（ただし，港則法の場合は，必ずしも設置すべき灯浮標又は灯火が白色の全周灯であることを要求されているわけではない。）
（注３）　25条ただし書。

11　漂流物等除去命令違反（39条5号，26条　3月以下の懲役又は30万円以下の罰金）^(注)

　被疑者は，平成○○年○○月○○日，○○市○○町の特定港内である○○港内を漂流し，船舶の交通を阻害するおそれがある状態になっていた自己所有の○○○○につき，同港長○○○○より，直ちにこれを除去するよう命ぜられていたにもかかわらず，同月○○日まで上記○○○○を放置し，上記命令に従わなかったものである。

（注）　前記１（注１）参照。なお，罰条も改正されている。

12　港内におけるごみ放棄（39条4号，24条1項　3月以下の懲役又は30万円以下の罰金）^(注1)

(1)　被疑者は，汽船○○丸（総トン数○○トン）に船長として乗り組んでいるものであるが，平成○○年○○月○○日午前○○時○○分ころから○○時○○分ころまでの間，○○港の境界外１万メートル以内の水面である○○県○○郡○○町○○島山頂より真方位○○度約○○メートルの海上から，○○灯台より真方位○○度約○○メートルの海上に至る間を航行中の同船から，みだりに廃油約○○リットルを捨てたものである。(注2)

(注１)　前記１（注１）参照。なお，罰条も改正されている。
(注２)　本例は，港則法違反と海洋汚染及び海上災害の防止に関する法律違反（55条１項３号，10条１項，海洋汚染及び海上災害の防止に関する法律違反の罰金刑が重いので，法定刑に注意すること。）との観念的競合の事例である。

(2)　被疑者甲株式会社(注3)は，○○市○○町○○番地に本店を置き，土木請負業を営むもの，被疑者乙は，同会社の従業員で現場主任をしているものであるが，被疑者乙は，同会社の業務に関し，平成○○年○○月○○日ころ，○○港内である○○県○○郡○○町○○漁港○○灯台から真方位○○度約○○メートルの水面に，古タイヤ○○本をみだりに捨てたものである。

(注３)　被疑会社については，法43条の両罰規定の適用によるもの。

13　無許可作業（39条４号，31条１項　３月以下の懲役又は30万円以下の罰金(注)）

　被疑者は，砂利運搬船である汽船○○丸（総トン数○○トン）の船長であるが，○○港長の許可を受けないで，平成○○年○○月○○日午前○○時○○分ころ，特定港である同港内の○○県○○郡○○町○○島山頂より真方位○○度約○○メートル付近海上において，同船により海砂採取の作業をしたものである。

(注)　前記１（注１）参照。なお，罰条も改正されている。

14　入出港の届出義務違反（41条1号，4条，施行規則1条　30万円以下の罰金又は科料）(注1)

　被疑者は，沿海区域を航行区域とする汽船○○丸（総トン数○○トン）(注2)の船長であるが，法定の除外事由がないのに(注3)，平成○○年○○月○○日午前○○時○○分ころ，同船を操縦して特定港である○○港内に入港しながら，同月○○日午前○○時○○分まで入港届を港長に提出せず(注4)，もって，入港届を遅滞なく(注5)港長に届け出なかったものである。

（注1）　前記1（注1）参照。なお，罰条も改正されている。
（注2）　法定の除外事由がないことを示したものであるが，次に「法定の除外事由がないのに」と書く場合は省略してもよい。
（注3）　港則法施行規則2条。
（注4）　入出港届の届出事項は施行規則1条に定めてある。
　　　　実際は，港湾関係官庁が1つの建物に入っているのが普通であり，届出の書式は，入管様式5号，税関様式c2000号となって関係官庁共通書式であり，これを港長，港湾管理者，税関，入管等にそれぞれ提出しなければならない。
　　　　届出義務者は原則として船長である（入出港届出書に署名又は記名押印を要求している）。
（注5）　この要件は，施行規則1条1項1号により要求されているもので，原則は「入港後直ちに」である。しかし，検疫，天候その他の事情により即届出のできない場合があるので，「遅滞なく」と規定しているのであって，特別の場合を除き遅くとも24時間以内であれば「遅滞なく」に該当するであろう。

15　散乱物脱落防止義務違反（41条2号，24条2項　30万円以下の罰金又は科料）(注1)

(1)　被疑者は，汽船○○丸（総トン数○○トン）に船長として乗り組み，砂利運搬業に従事しているものであるが，平成○○年○○月○○日午前○○時○○分ころ，○○県○○郡○○町○○港内において，同船から散乱するおそれがある海砂を○○岸壁に卸そうとするに当たり，同海砂が水面に脱落するのを防ぐため必要な措置をしなかったものである。

(2)　被疑者○○会社は，製鋼原料の船積荷役業を営んでいるもの(注2)，被疑

者△△は，同会社に雇われ船積荷役の現場責任者となっているものであるが，被疑者△△は，同会社の業務に関し，平成○○年○○月○○日午前○○時○○分ころ，○○県○○郡○○町○○港内○○岸壁において，同岸壁に着岸中の貨物船○○丸に，ショベルカーを使用して，散乱するおそれがあるダライ粉（旋盤屑）約○○キログラムを積むに際し，これが水面に脱落するのを防ぐため必要な措置をしなかったものである。

（注1）　前記1（注1）参照。なお，罰条も改正されている。
（注2）　被疑者会社については，法43条の両罰規定による。

16　無許可いかだけい留等（41条2号，34条1項　30万円以下の罰金又は科料）(注)

被疑者は，汽船○○丸の船長であるが，○○港長の許可を受けないで，平成○○年○○月○○日午前○○時○○分ころ，特定港である同港内の○○県○○郡○○町○○島山頂より真方位○○度約○○メートル付近海上において，同船で木材いかだをえい航して運行したものである。

（注）　前記1（注1）参照。なお，罰条も改正されている。

第4節　港湾法違反の犯罪事実記載例

港湾水域無許可占用（61条2項1号，37条1項1号，62条　1年以下の懲役又は50万円以下の罰金）

被疑者○○会社は，製材，和洋家具の製作業を営んでいるもの，被疑者△△は，同会社の製材工場の責任者で原木保管等の業務に従事するものであるが，被疑者△△は，同会社の業務に関し，法定の除外事由がないのに，港湾管理者(注1)の長である○○○○(注2)の許可を受けないで，平成○○年○○月○○日ころから同月○○日ころまでの間，○○県○○郡○○町○○防波堤灯台から○○度○○メートルの港湾区域内（○○港内）に長さ約80メートル幅約60メートル（面積○○○平方メートル）の簡易に木材をワイヤー等

でつなぎ合わせて「アパ」と称する施設を設け，その中に木材約○○本をけい留し，もって，港湾区域内の水域(注3)を占用したものである。

(注1) 同法37条1項ただし書き。
(注2) 「港湾管理者」は2条に規定されている。したがって「港湾管理者の長」とは，港湾局長又は地方公共団体の長をいう。
(注3) 制令で定める水域の上空は100メートルまでの区域，水底下は60メートルまでの区域をいう（施行令13条）。

第5節　航路標識法違反の犯罪事実記載例

　　　　船舶けい留違反（16条，11条2項，罰金等臨時措置法2条1項　2万円以下の罰金）

　被疑者は，汽船○○丸（総トン数○○トン）に船長として乗り組んでいるものであるが，平成○○年○○月○○日午前○○時○○分ころ，○○県○○郡○○町○○港内において，同船を航路標識である○○○燈標(注2)にけい留したものである。

(注1) 航路標識の設置及び管理は，海上保安庁が行う。しかし，それ以外の者も海上保安庁長官の許可を受けると航路標識を設置し，管理することができるが（同法2条ただし書），維持義務を生じ，また，勝手に変更できないこととなる。したがって，長官の許可を受けていない私設の航路標識は本法の保護するところではない。
(注2) 航路標識とは，灯台，灯標，立標，浮標，霧信号所，無線方位信号所その他の施設をいう（1条2項）。
　灯標とは，船舶に障害物の存在を知らせるため又は航路の所在を示すため，岩礁，浅瀬などに設置した構造物で，灯火を発するものであり，灯火を発しないものを立標という。また，同目的で海上に浮かべた構造物で灯火を発するものを燈浮標といい，灯火を発しないものを浮標という。
　ところで，陸上の交通のための標識は，道路標識，区画線及び道路標示に関する命令（昭和35年総理府・建設省令3号）で，標識の寸法，内容等を詳細に定めてあるが，航路標識については，各国で基準がまちまちであったところ，1980年にＩＡＬＡ（国際航路標識協会）の浮標特別会議において，ＩＡＬＡ海上浮標標識式が採択され，1982年から発効したことにより，国際的にほぼ統一された。

第6章　漁業法等

第1節　漁業法等の概要

1　漁業法の目的等

　漁業法は，昭和24年に公布，翌年に施行された法律であり，我が国の従来の漁業制度を根本的に見直して新秩序を確立したものである。その後，部分的に改正され現在に至っている。同法は，海水面の漁場を総合的に利用して漁業生産力を発展させ，あわせて漁業の民主化を目的とし（1条），免許漁業と許可漁業に大別して，漁業を規制している。

　免許漁業とは，漁業法の規定により，都道府県知事により免許された漁業権に基づき一定水面で排他的独占的に行われる漁業のこと，漁業権漁業ともいわれ，定置漁業，区画漁業，共同漁業の3つに分類される。

　許可漁業とは，水産資源の保護，漁業紛争の調整など公益上の目的から，自由に営むことを一般に禁止している漁業について，特定の者に限り禁止を解いて，かつ，漁船規模，漁区，漁期等の制限条件の下で漁獲を行えるようにしたものであり，通常の沖合・遠洋漁業一般がこれに当たる。

　ちなみに，「免許」とは，私人の権利を創設する行政行為であり，「許可」とは一般的禁止の解除をいう。また，「認可」とは，法規によって許されたことについて効力を補充する行政行為をいう。

2　漁業等の定義（2条等に定められている。）

漁　　　業	水産動植物の採捕又は養殖の事業
水産動植物	魚類，貝類，藻類，鯨その他海獣，イカ，ウニ，ヒトデ，その他魚類，貝類以外の水産動植物等の一切の水産生物
採　　　捕	天然的状態にある水産動植物を人の所持，その他，人が事実上支配し得べき状態に移す行為
養　　　殖	収穫の目的をもって，人工的手段を加えて水産動植物の発生又は生育を積極的に増進し，その水産動植物の個体の量を増加させる行為
漁　業　者	漁業を営む者

遊漁，自家消費のための採捕又は養殖をする者，試験研究，調査のために行う採捕等をする者は漁業者ではない。また，漁業協同組合も漁業者ではない。

漁業従事者　　漁業者のために水産動植物の採捕又は養殖に従事する者。自営漁民は，漁業者である。

3　漁業法の適用範囲

場所に関する効力　　本邦の領土，領海内では，外国人にも適用される。

人に関する効力　　我が国の国民の行う漁業については，公海だけでなく，原則として外国の領海でも適用される。

事物に対する効力　　いわゆる私有水面には原則として適用されない（3条）。

4　漁業権の意義と種類

(1)　漁業権の意義

意　義　　特定の水面において特定の漁業を一定の期間排他的に営むことのできる権利であって，行政庁の免許によって設定されるもの。

内　容　　制限された「物権」である。
　　ア　営業として，水産動植物の採捕又は養殖をする権利
　　イ　一切の水面ではなく，特定された水面での権利
　　ウ　包括的権利ではなく，目的物たる水産動植物の範囲及び採捕又は養殖の手段方法などの態様は一定のものに限定される。
　　エ　一定の漁業を営むことを一般人に対し保護する排他的権利
　　オ　行政庁の免許によって設定される権利

(2)　漁業権の種類（7条により，定置漁業権，区画漁業権，共同漁業権）

①　定置漁業権

定置網漁業を営む漁業権で，一般に身網の設置場所が水深27メートル以上である大規模な定置網を対象とする。主として回遊性の魚類を捕獲

を目的とする。
② 区画漁業権
　水産動植物の養殖を営む漁業権であり、その養殖の目的である水産動植物を一定の場所に保有するための「区画」の仕方により3種に分類される。
　　ア　第1種区画漁業　　「いかだ」から垂らした「かご」で養殖するカキ、真珠の養殖や「ひび」や網に付着させて養殖するノリ養殖など施設装置を水面に敷設して他の水面から区画し、養殖するもの。
　　イ　第2種区画漁業　　土、石、竹等によって囲障を作り、その中で魚類を養殖するもの。
　　ウ　第3種区画漁業　　前2種以外のもの、すなわち、移動性の少ない貝類を海底にそのまま播いて、養殖目的物の性質から生じる水面の区画性を利用し養殖する「地まき式」貝類養殖業
③　共同漁業権　　一定区域内の漁民が一定の水面を共同で利用して営む漁業権であり、共同漁業権の対象となる漁業は、いわゆる「浮魚」を除いて地先水面に棲みついて他所へ移動しない藻類、貝類及び一定の水産動植物を対象とするもの（第1種）と「浮魚」を対象としていても、他所へ出かけないで地先水面で待ちかまえて採る漁業（第2種ないし第5種）に分けられる。
　　ア　第1種共同漁業
　　　　　　「採貝、採藻」であって、貝類、藻類及びイセエビ、ウニ、ナマコ、エムシ、タコなど農林水産大臣の指定する定着性水産動植物を対象とする。
　　イ　第2種共同漁業
　　　　　　定置網の小規模なもの及び「やな」、「えり」など網漁具を移動しないように敷設して来魚する「浮魚」を採る漁業

ウ 第3種共同漁業

　　地引き網漁業とこれと性質を同じくする地こぎ網及び船びき網漁業，餌をまいてブリ等を餌付けする餌付け漁業及び人工の漁礁を築いて魚を採る「つきいそ漁業」

エ 第4種共同漁業

　　瀬戸内海，三重県などでなされている特殊な漁法の寄魚漁業，鳥付こぎ釣漁業

オ 第5種共同漁業

　　河川，湖沼の内水面や閉鎖された海面（京都府久美浜湾等）でなされる漁業で，第1種共同漁業権に該当する漁業以外のもの（ヤマメ，アユ，コイなど）

5　入漁権

設定行為に基づき，他人の共同漁業権又は特定区画漁業権に属する漁場において，その漁業権の内容たる漁業の全部又は一部を営む権利である（7条）。具体的には，他の漁業協同組合又は漁業協同組合連合会が持っている共同漁業権又は「ひびき建て養殖」等の特定区画漁業権の漁場に入会（いりあい）して，その漁業の全部又は一部を営む権利のことをいう。

6　組合管理漁業権と経営者免許（自営）漁業権

組合管理漁業権とは，漁業権者である漁業協同組合又は漁業協同組合連合会が，専らその漁業権の管理（漁業権の内容たる魚種等の増殖をなし，各組合員の行う漁業を監視，調整し，第三者との間の折衝をなすなど漁業権が権利としての存在を全うするように管理する。）に当たり，その漁業権の内容たる漁業は，漁業権者たる漁協・漁連の組合員が権利（漁業行使権）として各自営むことをいう。

経営者免許（自営）漁業権とは，漁業権者自らその漁業権の内容である漁業を営むことをいう。

7　漁業権行使権と漁業権行使規則

組合管理漁業権では，漁業権者である漁協・漁連は，専らその漁業権の管理に当たり，免許された漁業権の内容である漁業は，漁業権又は入漁権ごとに漁協又は漁連が制定する「漁業権行使規則」（入漁権の場合は，「入漁権行使規則」）に定められた一定の資格を有する組合員が「権利」として各自が営み，その権利を漁業権行使権と呼んでいる。

　漁協・漁連が漁業権の管理及び処分の権能を有し，組合員が漁業権の収益の権能を有するものであるが，江戸時代以来の地域住民が地先水面の漁場を管理し，その漁民が当該地域の規制の下にその漁場に入会して漁業を営む海の入会を近代法的に整備したものである。

8　漁業に関する制限又は禁止
(1)　漁業調整
　　本来公共水面の利用は国民一般が自由に利用できるものであり，また，漁業を営業とすることも営業自由の原則により本来的には自由であるが，漁業資源の枯渇等の弊害を防止するためには，「漁業調整」により特定の漁業を禁止し，制限する必要がある。

　　漁業の禁止（水産資源の保護上極めて有害なものは，誰に対しても禁止）は，爆発物や有害物を使用する漁法の禁止（水産資源保護法5条，6条），繁殖保護上有害な区域，時期における採捕の禁止，水産動植物の種類，大きさ等による採捕の禁止などである。

　　漁業の制限（一般の者には禁止し，特定の者に解除・許可）は，無制限に採捕されると資源を減らし，繁殖保護上害がある場合，多くの者がその漁業に集中すると経営が困難になる場合，限られた資源をできるだけ有効利用するために漁船規模の資本に欠ける者の操業を抑える必要がある場合などである。

(2)　漁業の許可
　　漁業調整の必要上一般的に禁止されている漁業を，特定の者にだけ解除（許可）するものであって，漁業を排他的に行う権利を付与される免許漁業と異なり，同時に多数の者が許可されるのが普通であり，主に漁場の固定していない遠洋漁業又は近海漁業を対象とするものであるが，

沿岸又は内水面における漁業も対象となることがある。

(3) 許可漁業と自由漁業

　農林水産大臣は又は知事の許可（承認という場合もある。）を必要とする漁業を許可漁業，許可を必要としない漁業を自由漁業という。

　許可漁業の種類には，次のようなものがある。

① 大臣許可漁業

　これは「指定漁業」と「承認漁業」に分けられる。

　指定漁業とは，52条に「船舶により行う漁業であって政令で定めるもの」と規定されており，指定漁業を営もうとする者は船舶ごとに農林水産大臣の許可を受けなければならないとされ，「漁業法第52条第1項の指定漁業を定める政令」（昭和38年政令6号）1項により，13種類の漁業が指定漁業とされている。

　すなわち，沖合底びき網漁業，以西底びき網漁業，遠洋底びき網漁業，大中型まき網漁業，大型捕鯨業，小型捕鯨業，母船式捕鯨業，遠洋かつお・まぐろ漁業，近海かつお・まぐろ漁業，中型さけ・ます流し網漁業，北太平洋さんま漁業，日本海べにずわいがに漁業，いか釣漁業と定められている。

② 法定知事許可漁業（66条）

　法定知事許可漁業とは，66条で規定されているもので，中型まき網漁業，小型機船底びき網漁業，瀬戸内海機船船びき網漁業，小型さけ・ます流し網漁業のことであり，同漁業を営もうとするものは，船舶ごとに都道府県知事の許可を受けなければならない。

③ 一般知事許可漁業（65条）

　都道府県知事による漁業調整規則，内水面漁業調整規則による許可漁業であって，漁業調整規則による漁業とは，漁業法65条及び水産資源保護法4条1項に基づく各都道府県漁業調整規則によって規定された漁業である。

　例えば，兵庫県の場合は，下記の漁業を指し，1号ないし14号，16号及び17号については漁業ごと及び船舶ごとに，11号及び15号については漁業ごとに，知事の許可を受けなければならないとされている。ただ

し，7号，9号，13号及び15号に規定する漁業は，漁業権又は入漁権に基づいて営む場合は，この限りではない。

なお，このような規制は，兵庫県にとどまらず，東京都や大阪府でも同様に行われている（東京都漁業調整規則7条，大阪府漁業調整規則5条）。

記

兵庫県漁業調整規則7条
1　小型まき網漁業（総トン数5トン未満の船舶を使用するもの）
2　はなつぎ網漁業
3　機船船びき網漁業（総トン数5トン未満の船舶を使用するもの）
4　五智網漁業
5　敷網漁業（いかなご込瀬網漁業，張網漁業及び八田網漁業を含み，次号に掲げるものを除く）
6　棒受網漁業
7　刺網漁業（建干網漁業を含む）
8　ひきなわ漁業（瀬戸内海において動力漁船を使用するもの）
9　たこつぼ漁業
10　まきえつり漁業（瀬戸内海においてするもの）
11　潜水器漁業（簡易潜水器を使用するものを含む）
12　文鎮こぎ漁業
13　せん漁業（日本海において総トン数10トン以上の動力漁船を使用してずわいがにを採捕することを目的とするものを除く）
14　しいらづけ漁業
15　小型定置網漁業
16　地びき網漁業
17　小型いかつり漁業

第2節　漁業法等の漁業関係取締罰則の体系

漁業に関する違反行為に対しては，漁業法が基本的な罰則規定を定めているが，各地方には，それぞれ特有の漁業がある。これについては，特別に省

令，規則，都道府県規則等諸種の規定により規制され，個別的に罰則の定めが設けられている。

　具体例を挙げれば，いるか猟獲取締規則，承認漁業等の取締りに関する省令等その数は極めて多いが，例えば，兵庫県における漁業関係の取締法規を挙げれば次のとおりである。

1　漁業法
2　指定漁業の許可及び取締り等に関する省令（昭和38年農林省令5号）
3　水産資源保護法
4　小型機船底びき網漁業取締規則（昭和27年農林省令6号）
5　兵庫県漁業調整規則（昭和41年規則48号）
6　兵庫県内水面漁業調整規則（昭和41年規則49号）
7　瀬戸内海漁業取締規則（昭和26年農林省令62号）
8　外国人の漁業に関する法律
9　排他的経済水域における漁業等に関する主権的権利の行使等に関する法律（平成8年7月20日施行）

　上記4は，免許や許可の制度手続等については，規定されておらず，単に禁止漁法や禁止期間等取締規定が設けられている。

第3節　漁業法違反等の罰則の内容

1　無免許漁業（9条違反）

　漁業権又は入会権に基づかないで，定置漁業及び区画漁業を営む場合に成立する。いずれも，その漁法の性質上，水面を独占的に利用し，他の漁業に与える影響が大きいが，共同漁業の場合は，必ずしも水面の独占的な利用といった性格が強くないために処罰の対象から外されている。

　なお，漁業権は，漁業の種類，漁場の位置及び区域，漁業時期等免許の内容が定められ（11条1項），その範囲内においてのみの漁業権であるから，漁業権を有する者であっても，免許の内容の範囲を超え，又はその内容と異なる操業をした場合には無免許漁業の罪が成立するのであって，条件違反が成立するのではない（例えば，免許区域外における漁業）。

2　無許可指定漁業（52条違反）

　指定漁業の許可を受けない者が指定漁業を営んだ場合。また，許可を受けていない船舶を使用して指定漁業を営んだ場合である。

　なお，許可を受けた者が船舶のトン数を変更した場合や，区域，期間，漁業の方法等許可の内容に違反した場合には，免許漁業の場合のように必ずしも無許可指定漁業となるのではなく，次の許可内容違反となる場合が多いので注意を要する。しかし，許可期間経過後の操業，許可の取消し，失効後の操業は，当然無許可操業となる。

3　指定漁業無許可内容変更（61条違反）

　指定漁業の許可を受けた者が，農林水産大臣の許可を受けないで，船舶の総トン数を増加し，又は操業区域その他省令で定める事項を勝手に変更した場合である。

　指定漁業の許可及び取締り等に関する省令（昭和38年農林省令5号）8条には，省令で定める事項を操業区域，操業期間，漁業の方法，母船式漁業の場合における法52条5項の規定による母船又は独航船等の指定としている。

　これらの許可の内容ともいうべき事項は，変更を申請して許可を受けることとなっているので，これらの内容に違反した場合は無許可指定漁業ではなく，指定漁業の無許可内容変更となるのであって，この点が免許漁業の場合と異なる。しかし，区域や期間が著しく離れたりしていて到底変更手続ではまかなえないような場合の違反は無許可指定漁業となる。

4　制限又は条件違反

　34条1項に基づく漁業権に付した制限又は条件と，指定漁業に付した制限又は条件（63条で準用）に違反した場合である。

(1)　漁業権の場合

　　　例えば，夜間航行禁止区域に権利を設定されていて，操業を昼間のみに限ると制限条件が付されている場合，あるいは，一定の水産動植物の繁殖保護施設を講ずるべきとの条件がある場合などが考えられる。

　　　なお，漁業権の制限又は条件は，免許を受けた後においても，海区漁

業調整委員会の指示によってもつけ加えられることになっているが（67条），漁業法138条2号の罪は，免許の際に付けられた制限又は条件に違反した場合に成立し，委員会の指示違反は139条により処罰されることとなっているので留意する。

(2) 指定漁業の場合

指定漁業の場合は，漁業権の場合と異なり，その制限又は条件が極めて多い。

指定漁業の許可及び取締り等に関する省令（昭和38年農林省令5号）によれば，操業制限（17条），漁獲物等の陸揚港の制限（18条），操業期間の制限（34条）等数多くの制限が規定されていて，これらに違反すれば同省令の106条で処罰されることとなっている。

しかし，これらの制限は，その都度，官報で告示されるものであって，許可に直接付されている制限又は条件ではない。したがって，指定漁業の制限又は条件ということで，漁業法138条2号により処罰されるものは，前記省令による制限又は条件とは異なり，許可に直接付された制限又は条件であって，実例を挙げると次のとおりである。

ア　操業行為の制限
　　○　魚種制限
　　○　体長（重）制限
　　○　漁具制限（中型さけ・ます・はえなわ漁業）
　　○　漁獲物数量の制限（独航型母船式かつお・まぐろ漁業）
　　○　集魚灯に使用する発動機の出力
　　○　操業区域及び期間の制限（大中型まき網漁業）

イ　調査義務（遠洋底びき網漁業）

ウ　船員居住区に関する制限

5　法定知事無許可漁業（66条違反）

無許可で66条に定められた法定知事許可漁業を営んだ者，また，許可を受けた者が，他の船舶を使用して操業した場合などが該当する。なお，漁業区域，採捕禁止期間などは県単位の漁業調整規則で定められていることから，

区域外操業，期間外操業等の場合には，県漁業調整規則違反が成立する。

6 一般知事無許可漁業（65条1項違反）

　農林水産大臣又は都道府県知事は，漁業取締りその他漁業調整のために，特定の種類の漁業を禁止することができ，また，これらの漁業を営む場合には都道府県知事などの許可を要する（65条1項）。

　許可を要する漁業は，各都道府県漁業調整規則で規定している。例えば，兵庫県の場合は，前記のとおり同規則7条により17種類の漁業と定めている。このような漁業を何ら許可を得ないで営んだときには，無許可操業となって漁業法違反として処罰される（138条1項6号）。もっとも，これは，水産資源保護法違反に該当する場合もある（36条1項，4条1項）。この場合には，両者は観念的競合となる。

　なお，平成19年6月に，漁業取締りの強化，違反防止の観点から，漁業法及び水産資源保護法の一部が改正されたが（法律第77号，平成20年4月1日施行），改正前は，無許可操業については，漁業調整規則の罰則が適用されていた。

7 漁業権侵害（143条1項）

(1) ここにいう広義の漁業権侵害とは，漁業権（狭義の漁業権侵害）又は漁業協同組合の組合員の漁業を営む権利を侵害することであり，許可漁業とは全く関係がない。

　　本罪は専ら私的財産権の侵害であるから親告罪とされている（143条2項）。

　　告訴権者は，狭義の漁業権侵害の場合は，漁業権の主体である個人又は組合であり，組合員の漁業を営む権利の侵害では，権利を侵害された組合員個人である。

(2) 広義の漁業権侵害の態様

　ア　漁業権者又は組合員の採捕又は養殖行為を現実に妨害する行為として，例えば，漁場に敷設使用中の漁具又は養殖施設を毀損したり，漁網にかかった魚類を採ったりするなど，現に行いつつある操業を妨害

する行為がその例である。組合が敷設した施設や漁網を毀損する行為なども，正に狭義の漁業権の侵害である。

これに対し，漁場内に組合員が敷設したもの，例えば，たこ壺などを毀損した場合は組合員の漁業を営む権利を侵害したことになる。

これらの場合漁業権侵害のほかに，同時に，威力業務妨害の成立することも多いと思われる。

イ　採捕養殖行為を現実に妨げるものではないが，漁場内における採捕，養殖の権利の実体的価値（財産的価値）を減少毀損する行為についても同様である。

(3)　無許可で定置漁業又は区画漁業を営むことにより，他人の漁業権を侵害する場合は，無免許漁業と漁業権侵害とが同時に成立することとなる。

8　漁業調整規則における操業違反

漁業調整規則における違反操業は，次のように3つに分類される。

(1)　許可の制限又は条件違反

知事が許可の際に付した制限又は条件に違反した場合である。

制限又は条件とは，許可等の効力を制限するために，許可等の主たる意思表示に付加される行政庁の従たる意思表示であり，制限条件は，許可の内容を構成するものではなく，許可の内容は，船舶ごとの許可を要する漁業にあっては，漁業種類，船舶の総トン数，推進機関の馬力数，操業区域及び操業期間の5要素から構成されるのが通例である。こうした内容の決まった許可に対して，更にその行使方法を制約するために付けるものである。

(2)　許可の内容違反

漁業権の場合は，免許の内容に違反すれば無免許となるが，漁業調整規則の場合は，許可の内容に違反することが構成要件になっている。ただし，許可されていない船舶を使用した場合は無許可漁業となる。

(3)　その他違反

例えば，採捕の期間・制限などに違反する操業等である。

9　日本の領域内での外国人漁業に対する処罰

　日本の領域内で，外国人が漁業を行った場合には，昭和42年制定の「外国人の漁業に関する法律」で処罰されているところ，領海の範囲については，昭和52年の領海法の制定前は，低潮線から3海里であったが，同法により，基線から12海里となり，ただ，対馬海峡西水道，同東水道等の特定海域については，国際海峡としての性格から基線から3海里とされ，特定海域を除く海域については，この法律の適用が拡大されることになった。さらに平成8年6月14日の領海法の改正（改正により「領海及び接続水域に関する法律」と改称，略して新領海法）によって，基線から12海里とすることには変更はないものの，基線については同9年1月1日から直線基線方式を導入したため領海の範囲が拡大した。

10　排他的経済水域での外国人の漁業に対する処罰

　平成8年に施行された「排他的経済水域における漁業等に関する主権的権利の行使等に関する法律（略して「漁業主権法」または「ＥＺ漁業法」という。）」により，排他的経済水域の中に，漁業又は水産動植物の採捕が禁止される禁止海域（漁業禁止海域）が設定され，同海域は新領海法附則2項にいう特定海域のうち，基線から12海里以内の海域で領海を除く部分であるが，同海域において，外国人が漁業を行えば処罰される。

　漁業主権法は，担保金の提供による釈放制度いわゆるボンド制を導入していることに注意を要する。

第4節　漁業法違反の犯罪事実記載例

1　無免許漁業（138条1号，9条　3年以下の懲役又は200万円以下の罰金，情状により併科（142条））

　　被疑者は，○○ほか○名と共謀の上，○○県知事から定置漁業権の免許を受けないで(注1)，平成○○年○○月○○日から○○月○○日までの間，○○県○○郡○○町○○沖合約○○メートル先の最高潮時水深約○○メートルの海域(注2)に，長径○○メートル，高さ○○メートルの身網，同身網から○○

方向に長さ○○メートルに及ぶ垣網からなる○○網を定置して，あじ，さば等○○キログラムを採捕し，もって，免許を受けないで定置漁業を営んだものである。

(注1)　単に「○○県知事から免許を受けないで」と書いてもよい。
(注2)　同法6条3項1号に「水深27メートル以上」との要件がある。
(注3)　6条3項にいう「定置」とは一漁期間，一定の場所に網その他の漁具を敷設して移動させないことをいう。漁具を移動させて，漁獲を行うものは定置漁業ではない。

2　漁業権の貸付け（141条1号，145条，29条　6月以下の懲役又は30万円以下の罰金，情状により併科（142条））

被疑者○○漁業協同組合は，○○県知事の免許を受け，同県○○郡○○町沿岸○○メートルの海域におけるさざえ，あわび等の漁業を内容とした第1種共同漁業権を有するもの，被疑者甲，同乙，同丙は，同組合の理事及び役員であるが，被疑者甲，同乙及び同丙は，共謀の上，被疑者組合の業務に関し，平成○○年○○月○○日午後○○時ころ，同町○○番地○○において，○○市○○町に居住する漁業者△△ほか○名との間で，同月○○日から翌○○月○○日までを採捕期間とし，賃貸料○○万円で同漁業権の貸付契約をなし，よって，上記△△等をして同月○○日から○○月○○日までの間，数回にわたり簡易潜水器具等を使用させて，さざえ，あわび等約○○キログラムを採捕させ，もって，同漁業権を貸付けの目的としたものである。

(注1)　漁業協同組合における理事や役員は145条にいう「その他の従業者」に当たるものと解する。
(注2)　両罰規定の適用
　　　ただし，両罰規定が成立するのは「業務に関し」が認められる場合であり，一部の役員が勝手に相手方と共謀して「貸付」の形式を作り上げ，利得した金員を自分達だけで処分し，組合には全く無届であるというような場合は，むしろ相手方と共謀の無免許漁業が成立するとみられる場合もあることから，注意を要する。
(注3)　本罪は貸付契約をしただけでは成立せず，貸付を受けたものが，漁具を定置する作業に着手する等外形的な行為に及んで初めて成立し，ただ，現実に漁業を

したことまでは必要でないとする見解もあるが，法文上，何らの限定もしていないことから，契約成立の段階で本条違反が成立すると解釈も成り立つであろう。

　　本件の場合は，簡易潜水器等を現場で使用しており，一応外形行為があったとみられるので，いずれにしても本法違反は成立する。

（注4）　本件は身分犯であり，対向犯の借受人は共犯として処罰はできない。しかし，定置漁業や区画漁業の場合は，無免許漁業として処罰できるが，共同漁業については，他に許可漁業の規則違反がない限り借受人を処罰することはできない。

　　漁業権の貸付けは禁止されているが，共同経営は禁止されていないので注意する。

3　無許可指定漁業（138条4号，52条1項，漁業法第52条第1項の指定漁業を定める政令1項2号　3年以下の懲役又は200万円以下の罰金，情状により併科（142条））

　　被疑者○○は，動力漁船○○丸（総トン数○○トン）の船主船長，被疑者甲，同乙及び同丙は同船の乗組員であるが，共謀の上，農林水産大臣の許可を受けないで，平成○○年○○月○○日ころから○○月○○日までの間，○○県○○港を根拠地として6航海にわたり，○○県○○灯台から南方約○○海里付近海域において，同船により底びき網を使用し，かれいその他雑魚約○○キログラムを採捕し，もって，無許可で指定漁業である以西底びき網業を営んだものである。

4　指定漁業無許可内容変更（138条5号，61条　3年以下の懲役又は200万円以下の罰金，情状により併科（142条））

　　被疑者は，漁船○○丸（総トン数○○トン）の船主船長で，農林水産大臣の許可を受け○○漁業を営むものであるが，平成○○年○○月○○日午前○○時ころ，同漁業の許可区域外(注)の○○○の海域において，同船により○○を使用して○○約○○キログラムを採捕し，もって，許可内容に違反して同漁業を営んだものである。

　　（注）　許可の内容と同一性が全然認められないような場合は，無許可操業罪となる。したがって，本件でいえば，違反操業区域が許可区域と隣接しているような変更の許可が得られる可能性のある場合である。

5 指定漁業の許可の制限又は条件違反（138条2号，36条1項　3年以下の懲役又は200万円以下の罰金，情状により併科（142条））

　被疑者は，動力漁船○○丸（総トン数○○トン）を所有し，農林水産大臣の許可を受け，遠洋底びき網漁業を営むものであるが，同漁業の許可に付された「北緯53度以北の海域においては，4月15日から8月25日までの間は，水深150メートル以浅の海域では操業してはならない。」旨の制限又は条件に違反し，平成○○年○○月○○日ころから同月○○日までの間，オホーツク海の水深150メートル以浅である北緯54度東経144度付近海域において，同船により底びき網を使用して，たら○○○キログラムを採捕し，もって，制限又は条件に違反して遠洋底びき網漁業を営んだものである。

6 無許可操業（138条6号，65条1項　3年以下の懲役又は200万円以下の罰金，情状により併科（142条））

(1) 無許可刺網漁業

　　被疑者は，漁船○○丸（総トン数○○トン）の船主船長であり，同船で漁業を営むものであるが，法定の除外事由がないのに（注），平成○○年○○月○○日午後○○時ころ，○○県○○灯台から真方位○○度○海里の海域において，同県知事の許可を受けないで，同船を使用して刺網で○○約○○キログラムを採捕し，もって，無許可で刺網漁業を営んだものである。

(2) 無許可潜水器漁業

　　被疑者は，漁船○○丸（総トン数○○トン）の船主船長であり，同船で漁業を営むものであるが，平成○○年○○月○○日午後○○時ころ，○○県○○灯台から真方位○○度○海里の海域において，同県知事の許可を受けないで，同船及び潜水器を使用して○○約○○キログラムを採捕し，もって，無許可で潜水器漁業を営んだものである。

7 無許可による法定知事許可漁業操業（138条7号，66条1項　3年以下

の懲役又は200万円以下の罰金，情状により併科（142条））

被疑者は，動力漁船○○丸（総トン数○○トン(注)）の船主船長であるが，○○県知事の許可を受けないで，平成○○年○○月○○日午後○○時ころ，同県○○郡○○町○○沖合において，同船により，まき網を使用して○○約○○トンを採捕し，もって，無許可で中型まき網漁業を営んだものである。

（注）　同法66条２項に中型まき網漁業の定義として船のトン数が規定してある。

8　漁業権侵害（143条１項　20万円以下の罰金）

(1)　被疑者は，漁業権又は入漁権を有せず，かつ，法定の除外事由がないのに，平成○○年○○月○○日ころから○○月○○日までの間，○○県○○市○○町○○漁業協同組合が，同県知事から免許を受け，第１種共同漁業権の設定されている同町○○沖合約○○先の漁場において，潜水器を用いてする漁法で定着性の水産物であるなまこ約○○キログラム(注1)を採捕し，もって，上記組合の共同漁業権を侵害したもの(注2)である。

（注１）　「定着性の水産動物指定」（昭和25．3．14農林省告示51号）に定めてある。
（注２）　本件のような侵害行為は組合の共同漁業権の侵害であり，組合員の漁業を営む権利の侵害ではない。
　　　　組合員の漁業を営む権利の侵害の例は，組合員個人所有の敷設されたたこ壺の中からたこを取り出すような場合である。

(2)　被疑者は，漁業権又は入漁権を有せず，かつ，法定の除外事由がないのに，○○県漁業調整規則に定められた○○○についての採捕禁止期間中である平成○○年○○月○○日午後○○時ころ，同漁業協同組合が，同県知事から免許を受けて有する○共第○○号第１種共同漁業権の区域内である同市○○沖合約○○先の漁場において，発射もりを使用して○○○を２匹（合計○○グラム）を採捕し，もって，同組合の共同漁業権を侵害したものである。

(3) 被疑者は，漁業権及び入漁権を有せず，かつ，法定の除外事由がないのに，平成○年○月○日午前○時○分ころから同日午前○時ころまでの間，△△漁業協同組合が，○○県知事から免許を受け，第1種共同漁業権の設定されている○○県○○市○○番地所在の○○南防波堤灯台から真方位○○度約○○メートル付近海域の漁場内において，○○県漁業調整規則で定められた禁止漁具である発射装置を有するやすを使用して，定着性の水産動物であるタコ○匹を採捕し，もって，上記組合の共同漁業権を侵害したものである。

9 漁業監督官の検査，質問拒否（141条2号，74条3項　6月以下の懲役又は30万円以下の罰金）

被疑者は，○○国民で漁船○○号（総トン数○○トン）の船長であるが，平成○○年○○月○○日午後○○時○○分から同日午後○○時○○分までの間，○○県○○郡○○町所在の○○灯台より真方位○○○度約○○海里付近海上の本邦水域において，漁船を操縦して南西方向に航行中，外国漁船侵犯操業の取締りに従事していた○○海上保安部所属巡視艇「○○○○」乗組みの漁業監督官である海上保安官○○らから発せられた汽笛，拡声器等による停船命令に従わず，これを無視して逃走し，同巡視艇等の接舷を避けるためジグザグ航行するなどし，もって，漁業監督官の検査及び質問を忌避したものである。

（注）　海上保安庁法第15条。

10 漁業監督吏員の検査拒否（141条2号，74条3項　6月以下の懲役又は30万円以下の罰金）

被疑者は，動力漁船「○○丸」を使用して○○漁業を営んでいるものであるが，平成○○年○○月○○日午後○○時ころ，○○県○○郡○○灯台より真方位○○○度○海里付近海上において，○○県漁業取締船「○○○○」に乗船中の漁業監督吏員○○○○らが検査又は質問するために発した停船命令に従わずに逃走し，もって，漁業監督吏員の検査を拒んだもので

ある。

(注) 漁業監督公務員には，漁業監督官と漁業監督吏員とがあり，前者は国家公務員であり，農林水産大臣がその所部の職員から任命し，後者は地方公務員であり，都道府県知事がその所部の職員の中から任命する。

第5節　指定漁業の許可及び取締り等に関する省令（昭和38年農林省令5号）違反の犯罪事実記載例

1　許可証不備付（108条1号，15条　10万円以下の罰金）

　被疑者は，農林水産大臣の許可を受け，漁船○○丸（総トン数○○○トン）を使用して指定漁業である沖合底びき網漁業を営むものであるが，平成○○年○○月○○日午後○○時ころ，○○県○○○北○○海里付近海域において，同船内に漁業許可証を備え付けて置かなかったものである。

2　許可番号不表示（108条1号，16条1項　10万円以下の罰金）

　被疑者は，漁船○○丸（総トン数○○トン）の船主船長で，農林水産大臣の許可を受け，同船で指定漁業である沖合底びき網漁業を営むものであるが，平成○○年○○月○○日午前○○時ころ，○○県○○○北方○○海里付近海域において，同船の船首の両げん側及び船尾(注)に同漁業の許可番号を表示しないで同船を同漁業に使用したものである。

(注) 同省令16条1項では表示する場所を「船舶の外部」としているが，同省令別表第1で表示場所が特定してあるので，犯罪事実にはこれを記載すべきである。

3　操業制限違反（106条1項1号，17条，平成5年農林水産省告示322号　2年以下の懲役若しくは50万円以下の罰金又はこれを併科）

(1)　被疑者は，漁船○○丸（総トン数○○トン）の船主船長で，農林水産大臣の許可を受け，同船を使用して指定漁業である沖合底びき網漁業を営むものであるが，平成○○年○○月○○日午前○○時ころから午後○○時ころまでの間，農林水産大臣が告示(注)した操業禁止区域である○○県

○○北方○○海里付近海域において，同船により底びき網を使用して，○○，○○等約○○キログラムを採捕し，もって，告示により農林水産大臣の定めた操業の制限又は禁止の措置に違反して同漁業を営んだものである。

（注）　告示による制限又は禁止違反が本法の対象であり，漁業法63条で準用している34条1項の場合とは異なる。

(2)　被疑者は，漁船○○丸（総トン数○○トン）の船主兼船長で，農林水産大臣の許可を受け，同船を使用して指定漁業である沖合底びき網漁業を営むものであるが，平成○○年○○月○○日から同月○○日までの間，○○県○○北○○海里付近海城において，禁止漁具である網口開口板を使用して○○等約○○キログラムを採捕し，もって，告示により農林水産大臣が定めた操業の制限又は禁止の措置に違反して同漁業を営んだものである。

第6節　漁業調整規則違反の犯罪事実記載例
1　許可の制限又は条件違反
(1)　小型いかつり漁業許可，条件違反

被疑者は，漁船○○丸（総トン数○○トン）を所有して同船に船長として乗り組み，○○県知事の許可を受けて小型いかつり漁業を営んでいるものであるが，平成○○年○○月○○日午後○○時ころ，○○県○○郡○○町所在の○○灯台から真方位○○度約○海里付近海域において，同船及びいかつり漁具を使用して小型いかつり漁を操業するに際し，同許可の集魚灯使用制限として指定された電球20個を38個超えた58個の電球を使用して操業し，もって，許可制限に違反する小型いかつり漁業を行ったものである。

(2)　小型いかつり漁業許可，条件違反

被疑者は，漁船○○丸（総トン数○○トン）を所有して同船に船長と

して乗り組み，○○県知事の許可を受けて小型いかつり漁業を営んでいるものであるが，平成○○年○○月○○日午後○○時ころ，○○県○○郡○○町所在の○○灯台から真方位○○度約○海里付近海域において，同船及びいかつり漁具を使用して小型いかつり漁を操業するに際し，同許可の集魚灯使用制限として指定された消費電力9キロワットを21キロワット超えた30キロワットの集魚灯を使用して操業し，もって，許可制限に違反する小型いかつり漁業を行ったものである。

(3) 被疑者は，漁船○○丸（総トン数4.95トン）を所有し，○○県知事から許可を受けて小型底びき網漁業を営むものであるが，同許可には「最大高潮時海岸線から1,000メートル以内の海面においては，操業してはならない。」との制限又は条件が付されていたのに，平成○○年○月○日午前○○時○○分ころ，○○県○○市○○町所在の○○防波堤灯台から真方位○○○度約○○メートル（最寄りの海岸線から約○○メートル）付近海上において，同船及びまんが漁具を使用して○○約○○キログラムを採捕し，もって，許可の制限又は条件に違反して小型機船底びき網漁業を操業したものである。(注2)

（注1） 漁業許可証に，制限又は条件欄に操業区域，時期，漁業種類等が記載されている。
（注2） 最大高潮時海岸線から1,000メートル以内での海面（海域）での操業については，禁止区域等での操業違反の成否を確認する必要がある（小型船底びき網漁業における淡路島周辺の海域等）。

(4) 被疑者は，○○県知事から小型機船底引き網漁業の許可を受けている動力漁船○○丸（総トン数4.9トン）に船長として乗り組み，同漁業を営むものであるが，平成○○年○○月○○日午前○時ころ，○○県○○市○○町地先所在の○○灯台から真方位○○度約○○メートル（最寄りの海岸線である男鹿島北西岸から約700メートル）付近海域において，シャコ，エビなどを採捕するため板引き網漁具を海中に投入するなどし，もって，同許可に付された「最大高潮時海岸線から1,000メートル以内の海

面においては，操業してはならない。」との制限又は条件に違反して小型機船底引き網漁業を操業したものである。

（注） 本事例は，漁獲物がなかった場合の記載例である。
　　　 漁獲物がなかった場合には，目的の魚種等を明らかにする。

2　許可の内容違反

(1)　被疑者は，○○県知事から漁船○○丸（総トン数○○トン）を使用して操業する刺網漁業の許可を受け，同船に船長として乗り組んでいるものであるが，△△と共謀の上，平成○○年○月○○日午後○○時○○分ころ，同許可の操業区域外（○○港防波堤内）である○○市○区○○埠頭地先の○○港第5防波堤東灯台から真方位○○度約○○○○メートル付近海域において，同漁船及び刺網漁具を使用してすずきを採捕する行為をなし，もって，許可内容に違反して刺網漁業を営んだものである。

(2)　被疑者○○は，漁船○○丸（総トン数○○トン）を所有し，○○県知事の許可を受け，同船で五智網漁業を営むもの，被疑者△△は，同船に船長として乗り組んでいるものであるが，被疑者△△は，被疑者○○の業務に関し，同許可の操業期間外である平成○○年○○月○○日午後○○時ころ，○○県○○郡○○島○方約○○メートルの海域において，同船により五智網を使用して○○約○キログラムを採捕し，もって，許可内容に違反して同漁業を営んだものである。

3　採捕期間制限違反

被疑者は，漁船○○丸（総トン数○○トン）の所有者であるが，法定の除外事由がないのに，○○県知事が定めた採捕禁止期間中である平成○○年○○月○○日午前○○時ころ，同県○○郡○○鼻東○○メートル付近海域において，同船及び潜水器を使用してなまこ○○キログラムを採捕し，もって，採捕禁止期間内になまこを採捕したものである。

4　全長等の制限違反

(1)　被疑者は，漁業権又は入漁権を有せず，法定の除外事由がないのに，平成○○年○○月○○日午後○○時ころ，○○漁業共同組合が○○県知事から免許を受け，第1種共同漁業権の設定された区域内である○○県○○郡○○町○○灯台から真方位○○度約○○メートル先の漁場において，潜水器を使用して，さざえ（殻蓋の径2.5センチメートル以下のもの○個を含め）合計○○個を採捕し，もって，上記組合の共同漁業権を侵害(注1)するとともに，○○県漁業調整規則で採捕を禁止している基準以下のさざえを採捕したものである。

（注1）　親告罪である。告訴の有無に注意を要する。

(2)　被疑者は，法定の除外事由がないのに，平成○○年○月○○日午前○時○分ころから同日午前○時○分ころまでの間，○○県○○市岬町地先所在の○○港西防波堤灯台から真方位○○度約○○メートル付近海上において，たも網を使用して，全長20センチメートル以下のウナギ○○匹を採捕し，もって，採捕が禁止されている基準以下のウナギを採捕したものである。

5　禁止漁法

被疑者は，法定の除外事由がないのに，平成○○年○○月○○日午前○○時ころから○○時ころまでの間，兵庫県○○市○○南○○メートルの海域において，禁止漁法である発射装置を有するやすを用いて雑魚○○キログラムを採捕したものである。

6　禁止区域操業

被疑者は，動力漁船○○丸（総トン数○○トン）の船主船長であり，○○県知事から同船を使用して行う小型機船底びき網漁業の許可を受け，手繰第2種漁業こぎ網漁業を営むものであるが，法定の除外事由がないのに，平成○○年○○月○○日午前○○時ころ，手繰第2種漁業の

禁止区域である○○県○○郡○○灯台○方約○○○メートルの海域において，同船及び○○網漁具を使用して○○約○○キログラムを採捕し，もって，禁止区域内で同漁業を操業したものである。

7　禁止期間，禁止区域操業

(1)　被疑者は，動力漁船○○丸（総トン数○○トン）の船主船長であり，○○県知事の許可を受け，同船で小型機船底びき網漁業手繰第2種漁業いかなごぱっち網漁業を営むものであるが，法定の除外事由がないのに，いかなごぱっち網漁業の操業禁止期間である平成○○年月○○月○○日午前○○時ころ，操業禁止海域である○○県○○郡○○灯台○方○○メートルの海域において，同船及びいかなごぱっち網を使用して○○約○キログラムを採捕し，もって，操業禁止期間内及び禁止海域で同漁業を営んだものである。

(2)　被疑者は，動力漁船○○丸（総トン数○○トン）の船主船長であり，○○県知事の許可を受け，同船でいかなごぱっち網漁業を営んでいるものであるが，法定の除外事由がないのに，平成○○年○○月○○日午前○○時ころ，○○県○○郡○○灯台○方○○○メートルの海域において，同船を使用していかなごぱっち網漁業を操業し，もって，いかなごぱっち網漁業の禁止期間中に，禁止海域において同漁業を営んだものである。

8　非漁民等の漁具漁法の制限違反

被疑者は，法定の除外事由がないのに，平成○○年○○月○○日午前○○時ころ，○○県○○郡○○町字○○地先海面において，禁止漁法である投網により，○○（○○キログラム）を採捕したものである。

第7節　水産資源保護法違反の犯罪事実記載例

爆発物使用（36条2号，5条　3年以下の懲役又は200万円以下の罰金，情状により併科（39条））

(1) 被疑者は，法定の除外事由がないのに^(注1)，平成〇〇年〇〇月〇〇日午前〇〇時ころ，〇〇県〇〇郡〇〇町〇〇番地先の〇〇川において，ダイナマイト〇〇グラムを水中に投入し爆発させて〇〇約〇〇キログラムを採捕し^(注2)，もって，爆発物を使用して水産動植物を採捕したものである^(注3)。

（注1） 5条ただし書き。
（注2） もって以下の記載は省略してもよい。
（注3） この記載例は水産資源保護法違反のみの起訴例であるが，本違反の場合は火薬類取締法違反が同時に成立するのが普通であるから次にその記載例を掲げる（同法59条5号）。

(2) 被疑者は，〇〇県知事の許可を受けず^(注1)，かつ，法定の除外事由がないのに^(注2)，平成〇〇年〇〇月〇〇日午前〇〇時ころ，〇〇県〇〇郡〇〇町〇〇番地先の〇〇川において，ダイナマイト〇〇グラムを水中に投入し爆発させて〇〇約〇〇キログラムを採捕し，もって，火薬類を爆発させて水産動植物を採捕したものである。

（注1） 火薬類取締法25条。
（注2） 上記法25条ただし書き及び水産資源保護法5条ただし書き。

第8節　小型機船底びき網漁業取締規則違反の犯罪事実記載例

1　禁止海域，禁止期間（10条1項1号，2条1項　2年以下の懲役若しくは50万円以下の罰金又は併科）

被疑者は，漁船〇〇丸（総トン数〇〇トン）を所有し，〇〇県知事から小型機船底びき網漁業の許可を受け，同船を使用して板びき網漁業を営むものであるが，小型機船底びき漁業は農林水産大臣が指定する海域及び期間以外では営んではならないのに，法定の除外事由がないのに^(注)，平成〇〇年〇〇月〇〇日午前〇〇時ころ，同指定海域外である〇〇県〇〇郡〇〇所在の〇〇灯台から真方位〇〇度約〇〇メートル付近海上において，同船を使用して小型機船底びき網漁業を操業し，タコ〇〇キログラムを採捕したものである。

（注） 2条1項ただし書き。

 2　禁止漁具（10条1項1号，4条2項　2年以下の懲役若しくは50万円以下の罰金又は併科）

　　被疑者は，漁船○○丸（総トン数○○トン）を所有し，○○県知事から小型機船底びき網漁業の許可を受け，同船を使用して板びき網漁業を営むものであるが，法定の除外事由がないのに（注），平成○○年○○月○○日午前○○時ころ，○○県○○郡○○所在の○○灯台から真方位○○度約○○メートル付近海域において，同船により禁止漁具である網口開口板を使用して，タコ○○キログラムを採捕し，もって，禁止漁具である網口開口板を使用して小型機船底びき網漁業を営んだものである。

（注） 4条ただし書き。

第9節　外国人漁業の規制に関する法律違反の犯罪事実記載例

　1　漁業等の違反（9条1項1号，3条1号　3年以下の懲役若しくは400万円以下の罰金又は併科）

　　被疑者は，○○国民で漁船○○丸（総トン数○○トン）の船長であるが，法定の除外事由がないのに（注），平成○○年○○月○○日午前○○時ころ，○○県○○郡○○町所在の○○灯台から真方位○○度○海里付近の本邦水域内（領海線の○海里内側）において，同漁船及び底びき網漁具を使用して漁業を行ったものである。

（注） 3条2項ただし書き及び3条1項ただし書き。

　2　転載禁止違反（9条1項4号，6条1項　3年以下の懲役若しくは400万円以下の罰金又は併科）

　　被疑者は，○○国民で○○国籍の漁船○○丸（総トン数○○トン）の船長であるが，法定の除外事由がないのに（注），平成○○年○○月○○日午前○

○時ころ，○○県○○郡○○町所在の○○灯台から真方位○○度○海里付近の本邦水域内（領海線の○海里内側）において，同船の漁獲物である冷凍イカ○○トンを中国鮮魚運搬船○○号に転載したものである。

（注）　6条4項。

第10節　排他的経済水域における漁業等に関する主権的権利の行使等に関する法律違反の犯罪事実記載例

　外国人の漁業の禁止（18条1号，4条1項1号　1,000万円以下の罰金）

　被疑者は，中華人民共和国の国民で中国漁船○○○○号（総トン数○○トン）の船長であるが，法定の除外事由がないのに^{（注）}，平成○○年○○月○○日午前○○時ころ，○○県○○郡○○町○○灯台から真方位○○○度約○○海里付近の本邦の排他的経済水域の漁業等の禁止海域において，同船及び曳網漁具を用いてマグロ等約○○キログラムを採捕したものである。

（注）　4条ただし書き。

第7章　漁業法等以外の産業関係法規

第1節　砂利採取法違反の犯罪事実記載例

1　無登録事業（45条1号，3条　1年以下の懲役若しくは10万円以下の罰金又は併科）

　　被疑者は，○○県知事の登録を受けないで，平成○○年○○月○○日ころから平成○○年○○月○○日ころまでの間，○○市○○町○○港に注ぐ○○川河口付近において，ショベルカー，ダンプカー等を用いて砂利約○○立方メートルを採取し，もって，砂利採取業を行ったものである。

2　無認可採取（45条3号，16条　1年以下の懲役若しくは10万円以下の罰金又は併科）

　　被疑者は，○○県知事の登録を受け，汽船○○丸（総トン数○○トン）を使用して砂利採取業を営むものであるが，同県知事の認可を受けることなく，平成○○年○○月○○日ころから同○○年○○月○○日ころまでの間，○○回にわたり(注)，○○県○○郡○○町○○東方約○○メートル付近海域において，同船を使用して海砂合計約○○立方メートルの採取を行ったものである。

　　(注)　3条違反の場合は，業として行うことを処罰の対象としているが，16条違反の場合は，業としてではなく採取行為が1回でも処罰される。もっとも，犯意を継続して数回にわたって採取が行われた場合には，包括して1罪と評価されることもあろう。

3　遵守義務違反（45条3号，21条，47条　1年以下の懲役若しくは10万円以下の罰金又は併科）

　　被疑者○○会社は，○○県知事の登録を受けた砂利採取業者(注)であり，平成○○年○○月○○日ころから同○○年○○月○○日ころまでの間，○○県○○郡○○町○○島西側地先海域において，汽船○○丸（総トン数○○トン）を使用して砂約○○立方メートルを採取する計画で同県知事の認可を受けているもの，被疑者△△は，同会社の従業者で同○○丸に船長とし

て乗り組んでいる者であるが，同計画では災害防止のための方法として作業時間は日出から日没とする旨定めてあるにもかかわらず，被疑者△△において，被疑者会社の業務に関し，日没後である同〇〇年〇〇月〇〇日午後〇〇時〇〇分ころ，同区域内の〇〇県〇〇郡〇〇島山頂より〇〇度約〇〇メートルの海域において，同船を使用して砂利約〇〇立方メートルを採取し，もって，認可に係る採取計画に従わなかったものである。

(注) 遵守義務違反は，登録を受けた砂利採取業者にしか成立しないのであるから，登録を受けていることを明記しなければならない。

第2節　内航海運業法違反の犯罪事実記載例

無許可内航運送業（30条1号，3条1項，33条　1年以下の懲役若しくは100万円以下の罰金又は併科）

被疑者〇〇会社は，汽船〇〇丸（総トン数〇〇トン，長さ〇〇メートル）(注1)を使用して海砂採取業を営むもの，被疑者△△は，同会社の従業員で同〇〇丸の船長であるが，被疑者△△は，被疑者〇〇会社の業務に関し，国土交通大臣の行う登録を受けないで，別表記載のとおり，平成〇〇年〇〇月〇〇日ころから同年〇〇月〇〇日ころまでの間，〇〇回にわたり，〇〇県〇〇郡〇〇町〇〇港ほか1か所から，〇〇県〇〇郡〇〇町〇〇港ほか2か所の間を，〇〇〇〇ほか〇〇名の依頼により同人ら所有の屑石合計約〇〇(注2)立方メートルを運賃合計〇〇万円で有料運送し，もって，内航運送業を営(注3)んだものである。

別表

番号	運送年月日	依頼者	数　量 (立方メートル)	運送区間		運賃 (円)
				船積地	陸揚地	

（注1） 同法3条によれば，総トン数100トン以上又は長さ30メートル以上の船舶の場合が国土交通大臣の行う登録を要し，それ未満の場合は届出になるので，無登録の起訴の場合は100トン以上又は30メートル以上を明記しなければならない。
（注2） 内航運送とは，いずれもが本邦内の船積港と陸揚港の間を船舶で物品運送することをいう（2条1項）。
（注3） 内航海運業とは，内航運送業と内航船舶貸渡業をいう（2条2項）。

第3編　用語解説

　ここでは，海事犯罪の特殊性から，海に関する専門用語が多数出てくることに関し，以下の参考文献を使って50音順に解説を加えることとした。
（以下，「あ」から始まる。）

```
あ行　102／か行　111／さ行　135
た行　156／な行　165／は行　166
ま行　175／や行　180／ら行　181
付録　186
```

安全な速力　海上衝突予防法6条によると、「安全な速力」とは、①他の船舶との衝突を避けるための適切かつ有効な動作をとることができる速力、又は、②その時の状況に適した距離で停止することができる速力、であるとされている。「安全な」とは、自船にとっても他船にとっても安全であることであるが、どの程度の速力が安全な速力であるのかについては、自船の性能や周囲の状況によって異なるので、画一的な基準を示すことはできない。安全な速力を決定するに当たっては、レーダーを使用していない船舶は同条1号から6号、レーダーを使用している船舶は同条1号から12号に規定する事項を考慮しなければならず、これらの事項によって相対的に決まるものである。列挙したこれらの事項は、あくまでも例示であり、船員の判断の参考になるに過ぎない（予防法の解説27ページ以下）。
※レーダーについては、「レーダー」の項を参照されたい。

安全な距離　海上衝突予防法8条4項では、「船舶は、他の船舶との衝突を避けるための動作をとる場合は、他の船舶との間に安全な距離を保って通過することができるようにその動作をとらなければならない。この場合において、船舶は、その動作の効果を、他の船舶が通過して十分遠ざかるまで慎重に確かめなければならない。」としている。

　ここでいう「安全な距離」を具体的数値で示すと、自船の長さを「L」とし、①行会い又は追越しの場合は、他船が自船の正横を通過するときの両船間の距離の4L（Lの4倍）、②横切りの場合は、やむを得ず他船の船首方向を横切る場合には12L、他船の正船尾を通過する場合には両船間の距離の4L、がそれぞれ必要とされている（予防法の解説36ページ）。

行会い船（いきあいせん）　2隻の動力船が真向かい、又は、ほとんど真向かいに行き会う場合、衝突のおそれのあるときの当該2隻の動力船のことをいう。2隻の動力船が真向かい、又は、ほとんど真向かいに行き会う場合とは、2隻の動力船が互いに自船の正船首方向に他の船舶の正面、又は、ほ

とんど正面を視認している状態をいう。すなわち，昼間においては，進行方向に向かって自船のマストと他の船舶とのマストを一直線上，又は，ほとんど一直線上に見る場合をいい，夜間にあっては，他の船舶のマスト灯2個を垂直線上に見る場合，又は，他の船舶の両舷灯を見る場合である。互いに視野の内にある2隻の動力船が，真向かい，又は，ほとんど真向かいにある状況であるときは，各動力船は，互いに他の動力船の左舷側を通過することができるように，それぞれ進路を右に転じなければならない（海上衝突予防法14条1項）。ただし，海上衝突予防法9条3項（狭い水道等における漁ろう船と他の船舶との航法），10条7項（通航路における魚ろう船と他の船舶との航法），18条1項（動力船が，運転不自由船，操縦性能制限船，魚ろうに従事している船舶・帆船を避航する航法），18条3項（魚ろうに従事している船舶が，運転不自由船，操縦性能制限船を避航する航法）の規定の適用がある場合には，これらの規定が優先して適用される（予防法100問50ページ以下）。

「行会い船は互いに右転して衝突回避」

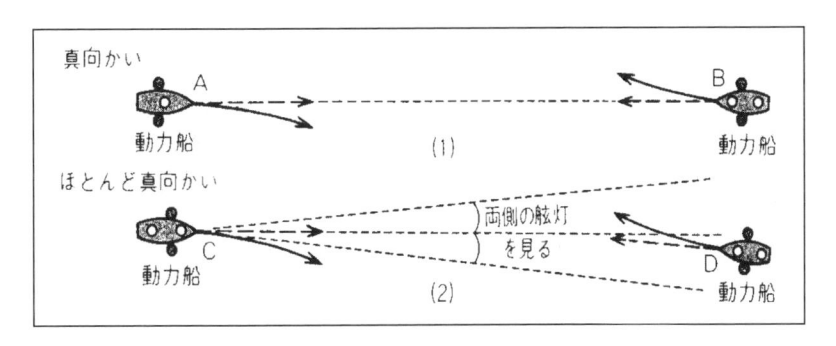

（※図説予防法57ページ）

行き足（いきあし） 前進中の船舶を停止させる際に，機関を停止しても惰力によりすぐには停止しないので，後進させてプロペラを逆回転させるが，それでもブレーキをかけた車のようにすぐには停止しない。この制動後の航進のことを行き足という。その停止距離は，船舶の大きさによって異なる。

※「停止距離」の項を参照されたい。

右　舷（うげん）　船を船尾から見て右側が右舷，左側が左舷となる。右舷をスターボード（starboard），左舷をポート（port）という。スターボードの語源は，昔の船は後部右舷側に幅の広いオール又は板を取りつけた側面舵（サイドラダー）が用いられていたことから，右舷をstearboard（操舵する舷）といっており，これが訛ってstarboardとなった。このことから船長も右舷側におり，船では右舷側が上席であり，船長室は右舷側に設けられている。右舷に側面舵が取り付けられているので，着岸は左舷側となり，荷役も左舷で行われていた。左舷側が港（ポート）側になるので，左舷側をポートというようになった（三井・海と船67ページ以下）。

うねり（Swell＝スウェル）　風浪が発生海域を離れて他の海域に伝播した波や風浪の発生海域で風が止んだ後に減衰しながら残っている波のことであるが，比較的規則性があり，波形は丸みを帯び，波高もほぼ揃っている。台風などより早く進んでやってくるので，台風の接近をあらかじめ知ることができる（三井・海と船169ページ，図説海事概要182ページ）。
※「波浪」の項を参照されたい。

海　海と陸との境界線については，「海は，社会通念上，海水の表面が最高高潮面に達したときの水際線をもって内陸地から区別されている。」とする最高裁判例（最判昭和61．12．16第３小法廷判決，最高裁民事判例集40巻７号1236ページ，判例時報1221号３ページ）と，「春分秋分の日の満潮位線をもって海と陸地を区別する。」とする行政先例（法務省民事局長の通達回答・昭和31．11．10民事局長事務代理回答，同昭和33．4．11，民事局第三課長事務代理通知，大正11．4．20発土11号内務次官通達各省次官あて）がある（須賀・研修685号74ページ，海上保安官のための海上犯罪と捜査（石毛平蔵著）２ページ以下，水産庁・漁業調整192ページ）。

　陸と海との境界は，一般的に最高満潮線をその接点とする（注解特別刑法３巻「海洋汚染及び海上災害の防止に関する法律」解説９ページ）ものもあ

る。

　また，海と河川との境界について，海上保安庁法1条2項では，「河川の口にある港と河川との境界は，港則法2条の規定に基づく政令で定めるところによる。」と規定しており，港則法施行令1条は，「港則法2条の港及びその区域は，別表第1のとおりとする。」としている。別表第1には，一覧表で掲載されているものの，河川の最下流に架かる橋の水面が港の区域であるとして，これが河川との境界であるとしている（須賀・研修685号74ページ）。

※「最大高潮時海岸線」の項を参照されたい。

運転不自由船　　船舶の操縦性能を制限する故障その他の異常な事態が生じているため他の船舶の針路を避けることができない船舶のことをいう（海上衝突予防法3条6号）。

　要するに，運転不自由となった原因が，故障その他の異常な事態によるものであって，そのため他の船舶の進路を避けることができない船舶である。

　例えば，①機関の故障のために動くことができない船舶，②舵の故障のために転針できない船舶，③走錨している船舶，④無風のため停止している帆船，などがこれに該当する。

　自船に故障等が生じた場合，船長は運転不自由船に該当するかどうかを判断することになるが，その判断は，この定義規定に沿って客観的に容認されるものでなければならない。軽微な操縦性能の低下を理由に運転不自由船の灯火・形象物（同法27条1項）を表示することは許されない（図説予防法8ページ以下）。また，運転不自由船は，動力船，帆船，漁ろうに従事している船舶，水上飛行機に対しては，保持船であるが，喫水制限船に対しては避航義務がある（海上衝突予防法18条など）。

AIS（Automatic Identification System）　　船舶自動識別装置のことである。すなわち，船舶の船名，位置，速度，針路，目的地などの航海関連情報が自動的に発信されて，他の船舶や陸上局は，その内容を受信することのできるシステムである。ＳＯＬＡＳ条約（海上における人命の安全のための

国際条約）に従い，国際航海を行う旅客船と総トン数300トン以上の船舶，国内のみを航行する総トン数500トン以上の船舶に搭載が義務づけられ，最終的に平成20年7月までに搭載することとされている（海上保安庁発行「かいほジャーナル」）。

沿海区域　　船舶安全法施行規則1条7項に掲げられており，北海道，本州，四国，九州及びそれに付属する特定の島の海岸20海里以内の水域及び特定の水域である。

　例えば，東京都八丈島の海岸から20海里以内の水域，福島県塩屋埼から33度に引いた線及び本州の海岸から20海里の線により囲まれた水域などがある（須賀・研修685号77ページ）。平水区域をその一部として包含する（船舶安全法施行規則1条6項）。
※「航行区域」の項を参照されたい。

沿岸小型船舶　　特殊小型船舶以外の小型船舶で，①近海区域又は遠洋区域を航行区域とする小型船舶以外の小型船舶であって，沿海区域のうち国土交通省令で定める区域のみを航行するもの，②母船に搭載されている小型船舶であって，国土交通省令で定めるもの，③引かれて航行する小型船舶であって，国土交通省令で定めるもの，とされている（船舶職員及び小型船舶操縦者法施行令別表第2備考2第1号，2号，3号）。

　その航行区域は，同法施行規則128条，129条，130条によって，①平水区域，本州，北海道，四国及び九州並びにこれらに付属する島でその海岸が沿海区域に接するものの各海岸から5海里以内の水域を航行区域とするもの，②母船から半径1海里以内の区域を航行区域とするもの，③近海区域又は遠洋区域を航行区域とする小型船舶であって，上記①に規定する区域のみを航行区域とするもの，と定められている。
※「特殊小型船舶」の項を参照されたい。

「沿岸小型船舶の航行区域」

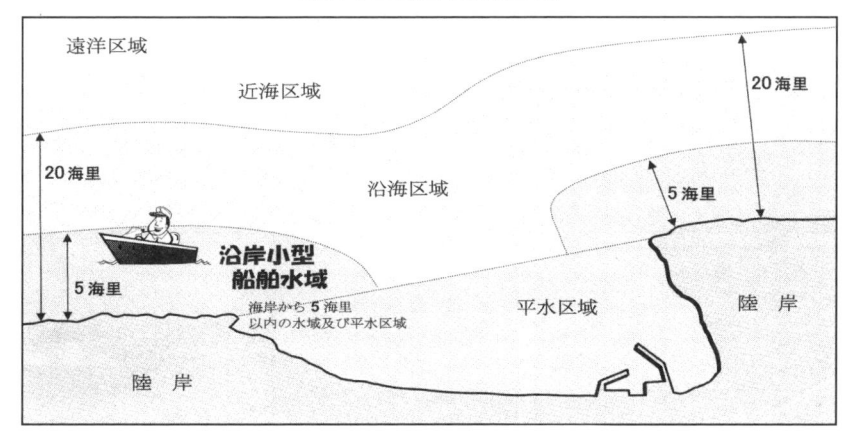

遠洋区域
近海区域
沿海区域
20海里
5海里
沿岸小型船舶水域
海岸から5海里以内の水域及び平水区域
20海里
5海里
平水区域
陸岸
陸岸

※（財）日本水路協会海図サービスセンター発行の小型船用パンフレット

遠洋区域　すべての海面を包含する水域（船舶安全法施行規則1条9項）とされている。従って，平水区域，沿海区域及び近海区域を包含するものであり，同様に近海区域は，平水区域及び沿海区域を，沿海区域は，平水区域をその一部として包含する。

追越し船　船舶の正横後22度30分（「灯火」の項を参照されたい。）を超える後方の位置から他の船舶を追い越す船舶をいう（海上衝突予防法13条2項）。ここでいう追い越すとは，他の船舶より速い速力で他の船舶に後方から追いつき，その前方に出ることをいう（予防法100問48～49ページ）。

　追越し船は，互いに視野の内にある場合，追い越しされる船舶を確実に追い越し，その船舶から十分遠ざかるまでその船舶の進路を避けなければならない（海上衝突予防法13条1項）。一般的基準としては，舷灯の最小視認距離（同法22条）を避航義務の始期とするのが妥当であろう。例えば，長さ50メートル以上の船舶は3海里，長さ12メートル以上50メートル未満の船舶は2海里，長さ12メートル未満の船舶は1海里前がそれぞれ避航始期となる。

押航バージ方式　バージ数隻と押船1隻で1船団（1対1の方式のものが

ある）とし，大型貨物をバージ（又は大型バージ1隻）に集積し，小型の動力船で押航する。押船を用いてバージを結合して1体とするプッシャー・バージ（Pusher barge）ともいわれ，押す小型の船を押船（Pusher tug）という。

　この輸送方式が，押航バージ方式（Barge line system）といわれるものである（上野・Q＆A29～30ページ）。

　荷物の大型化・高速化は，石炭や石灰石専用船などで大きな成果を上げたが，荷物の中には荷役の高速化が非常に難しいものも多く，これらの輸送の合理化が課題となった。そして貨物船の場合，船体を前部の船艙部分と後部のブリッジとエンジンの部分に分けて考えると，前部の船艙部分は貨物を積み込むための部分であり，後部のブリッジやエンジン部分は船を押航するための部分である。

　荷役中は，船艙部分だけが必要であり，エンジン部分は荷役に付き合って停泊しているだけである。前部は貨物を積み込むだけで維持費が安いものの，後部は船の推進装置とブリッジ，船員居住区で維持費の大部分を占めている。そこで，貨物船を前後に分けて船艙部分に荷役をしている間に荷役の終わった船艙部分を押して航海できればそれだけ運航能率が上がり，輸送合理化ができることになる。こうして船を2つに割って輸送合理化を図ったのである。

　日本で，この押船（プッシャー）によって押航するバージ輸送方式が採用されたのが，1963年（昭和38年）神戸港の埋め立て用に使われた土運バージである。これは六甲山の土を神戸の積込岸壁に運び，そこからベルトコンベア方式で底開き式の土運バージに積み込み，押船で押航して埋立地に投入する方式であった。

　それ以後東京湾や瀬戸内海で輸送条件にあった新しいアイデアが開発され，内航海運にプッシャー・バージという分野が発達したのである。

　この運航方式のメリットは，①バージ，プッシャーともに浅喫水型に設計できるので，水深の浅い水域でも大型バージを運航できる，②プッシャーの乗組定員はプッシャー自身の総トン数で決められるので，同一船型の一般船より省力化がしやすい，③航路貨物の条件が許せば，船艙部分が荷役中に荷

役の終わった船艙部分を押航できるので荷役条件の悪い貨物でも輸送の合理化が可能になる。

　一方デメリットは，④同一船型の一般船に比べて馬力が大きなものが必要であり，操船も難しい，⑤プッシャーとバージの連結部に問題があって，波高の高い海域では航行が難しい（連結部については一般船と比較して波高に弱い），⑥アメリカなどでの大きな河川・運河などでは多数連結バージの押航ができるが，我が国では利用できる河川はほとんどない，⑦内海や沿海の場合，押航していない無人バージの管理が大きなネックとなる，などがある（鈴木・古賀・内航海運150ページ以下）。

※「プッシャーバージ」,「引き船」の項を参照されたい。

大阪湾海上交通センター　　日本の沿岸海域のうちでも東京湾，伊勢湾及び瀬戸内海の3海域は，海上交通の輻輳が激しく，このような海域における船舶の安全航行を確保するために「海上交通安全法」が制定され，輻輳海域における船舶交通の安全確保のための航行管制や，他船の動向，航行の状況，気象の状況等を船舶航行の安全に必要な情報提供を行っている。

　これが，海上交通センターであり，全国7か所（東京湾，名古屋港，伊勢湾，大阪湾，備讃瀬戸来島海峡，関門海峡）に配置されている。

　明石海峡は，可航幅が約3,500メートルと狭く，大阪湾と瀬戸内海を結ぶ船舶交通の要諦であり，潮流は最大7ノットに達する上，1日約1,200隻もの大小様々な船舶が行き交う海域である。また，この海域は，好漁場であるために漁船の操業が盛んであり，海上交通は極めて混み合っているが，このため大阪湾の明石海峡に設置されているのが，「大阪湾海上交通センター」であり，「大阪マーチス」と呼ばれ，第五管区海上保安部が管理する。

　同センターは，淡路島の北端に設置されており，そのレーダーは，東西の方向半径約20キロメートルの扇形の範囲で，各船舶の位置等の把握が可能である。

　明石海峡航路を航行する際，巨大船（長さ200メートル以上の船舶），危険物積載船舶，長大物件えい（押）航船等については，事前に通報を要するとされており，航路を航行し，運用管制官が行う航行管制を受けなければなら

ない。

　同海域を航行する船舶について交通ルールが定められており，例えば，航路航行義務，明石海峡航路における右側航行義務等がある。
※「海図」，「航路航行義務」の項を参照されたい。

オート・パイロット　「自動舵取装置」のことであり，同項を参照されたい。

押　船　押船は，台船の後部に結合して台船を押して航行する船舶である。単独航行もできるが，一般的には台船と結合した状態で航行する。押船は，船体の大きさに比べて高出力のエンジンを搭載し，他の船舶に比べて船舶の長さと幅が極端に小さいことから単独での航行が不安定なところがある。
※「押航バージ方式」の項を参照されたい。

面　舵（おもかじ）　船首を右舷方向に曲げることをいう。

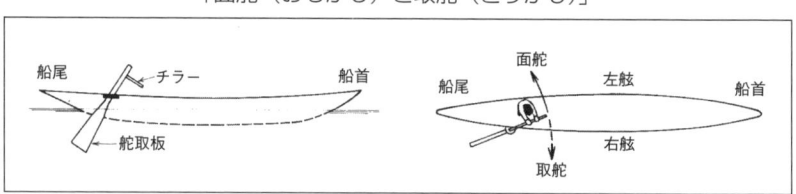

「面舵（おもかじ）と取舵（とりかじ）」

（※上野・Q＆A208ページ）

音響信号　海上衝突予防法では，長さ12メートル未満の船舶を除く船舶は，汽笛及び号鐘（長さ100メートル以上の船舶にあっては，さらに汽笛・号鐘と混同しない音調を有するどら）を備えなければならないとしている（同法33条1項）。
　船舶に汽笛等の備付けを義務づけているのは，視界制限状態において音響信号を発して，互いにその存在及び動静を早期に相手船舶に知らせて衝突の

危険を防止したり，あるいは他の船舶を視認している場合においても音響信号を発して，自船の意図，状態を相手船に伝え，これに対応した措置をとり得るようにしてやる必要があるからである。

　帆船も動力船と同様に音響信号設備の備付け義務を課している。

　また，発火信号は汽笛信号と独立して行うこと，疑問信号は，疑問を有する全ての船舶に適用があるとしている。針路信号，追い越し信号，疑問信号，視界制限状態における音響信号，注意喚起信号，遭難信号の吹聴時間・回数，閃光回数，方法等については，各別に規定されている（海上衝突予防法34条，35条，36条，37条）。

か行

海　員　　船内で使用される船長以外の乗組員のことであり，労働の対償として給料その他の報酬を支払われる者をいう（船員法2条1項）。海員は，職員と部員に分けられる。職員とは，航海士，機関長，機関士，通信長，通信士，運航士，事務長及び事務員，医師，その他の航海士，機関士又は通信士と同等の待遇を受ける者をいう。部員とは，職員以外の海員をいう（船員法3条，同法施行規則2条）。予備船員とは，船員法の適用を受ける船舶に乗り組むため雇用されている者で船内で使用されていない者をいう（同法2条2項）とされている。

海岸線　　漁業調整規則では，「最大高潮時海岸線」，「海岸線」，「陸岸」という用語がよく出てくるが，いずれも春分，秋分における満潮位における海岸線をいう（水産庁・漁業調整191ページ）。
※「海」，「最大高潮時海岸線」の項を参照されたい。

海域，海洋　　「海域」とは，海の区域，すなわち社会通念上海とされる限定された区域を指称する（注釈特別刑法3巻「海洋汚染及び海上災害の防止に関する法律」解説9ページ）ものであるが，海のひろがりをとらえた概念であって，その範囲は海面及びその上下に及ぶとされている（昭和47年9月6日付け大臣官房審議官から海運局長・港湾建設局長・沖縄総合事務局長あ

ての海洋汚染防止法の施行について（通達）の用語の意義解説）。

「海洋」とは，陸地に囲まれていない広大な海域をいい，領海，公海を含めて，一国の本体の外側にある海の部分をいうとされている。また，これに接続する航洋船が航行することができる水域とは，航洋船が海洋から連続して自由に出入し，かつ，航行できる港湾，河川，湖沼などをいう。

したがって，どのように広大であっても，どのように深い水深があっても，海洋と直接接続していない，又は接続していても航洋船が自由に出入りし，かつ，航行できないような水域については，海上衝突予防法は適用できない。海洋船が海洋から連続して航行できる水域とは，例えば瀬戸内海，東京湾，大阪港の安治川などである。反対に適用されない水域としては，外海と接続していない琵琶湖，芦ノ湖などがその例である（予防法100問3〜4ページ）。

海技免状　船舶職員となることができ，海技従事者の免許を与えた証明文書であり，国土交通大臣が免許を与えたときに交付することになっている（船舶職員及び小型船舶操縦者法7条1項）。

海技免状は，船舶職員の資格を有する海技従事者であることの確認の便宜のため，船舶職員として船舶に乗り組む場合には，船内に備え置かなければならない（同法25条）。また，他人に譲渡し，又は貸与することも禁止されている（同法25条の2）。有効期間は5年である（同法7条の2第1項）。

海上交通センター　「大阪湾海上交通センター」の項を参照されたい。

海上犯罪　刑事訴訟法190条に「森林，鉄道その他特別な事項について，司法警察職員としての職務を行うべき者及びその職務の範囲は，別に法律で定める。」として，特別司法警察職員の職務の範囲などを定めているが，海上保安官は，同法に基づくものではなく，海上保安庁法31条に基づく特別司法警察職員として，「海上における犯罪」について捜査の職務を行うとしている。海上保安官の職務権限は，「事物」によって制限されるものではなく，海上犯罪すべてが捜査の対象となっていることから，海上保安官は，海上に

おける一般司法警察職員としての性格をもっているといわれている。

　海上保安官の捜査権限の事物管轄は，海上犯罪に限られているが，「海上犯罪」とは，海上において行われ，若しくは始まり，又は海上に及んだ犯罪をいうが，海上保安官が捜査した事件につき，「海上犯罪」であるか否かを慎重に検討する必要がある。

　海上における犯罪の意義と捜査権については，千葉地裁八日市場支部判昭和38．8．19，東京高判昭和39．6．19高刑集17・4・400，大阪高判昭和60．7．18判例タイムズ569・90，安西温「改訂刑事訴訟法上」38ページ，飯田忠雄「海上警察権論」226ページ，大國仁「捜査官本位刑事訴訟法要説」32ページ，河上和雄「海上保安官の捜査権限」判例タイムズ570．14などを参照されたい。

海上保安庁　海上保安庁法2条1項により，海上保安庁は，法令の海上における励行，海難救助，海洋の汚染の防止，海上における犯罪の予防及び鎮圧，海上における犯人の捜査及び逮捕，海上における船舶交通に関する規制等の事務を掌るとされている。そして，海上保安官は，海上における犯罪について司法警察員としての職務を行う（同法31条）権限を有する。当然のように船舶事故についても捜査権限を行使できる。

　ところで，捜査の上で警察権の行使と競合する場合も生じるが，この点について海上保安庁，警察その他関係庁との間の連絡，協議，協力義務（同法27条）に基づき，海上保安庁と警察庁間に捜査協定が結ばれている。しかし，この協定は，海上犯罪につき，罪種別の分担の取決めなどをすることが困難であるため，もっぱら事件の通報，引継，合同捜査について規定しており，現実に警察が捜査しうる事例（例えば，専門知識を必要としない簡易な事件，陸上での捜査活動が中心となるなど，地理的に警察が捜査することが便利な事件）が，発生した場合には，先着手主義によって処理されている。

海　図　海の地図であって，船員は一般的にチャート（Chart）と呼ぶ。普通の海図は，108センチメートル×67センチメートルの大きさであり，見るだけではなく，書き込むことも重要な用途であることから白っぽく印刷さ

か行

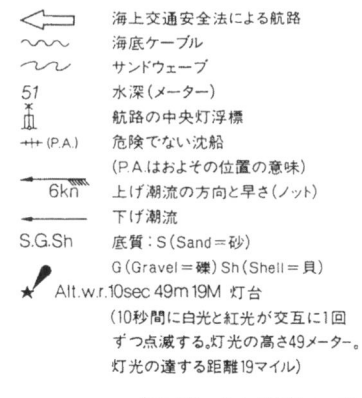

明石海峡の部分を示す

⇐	海上交通安全法による航路
〜〜	海底ケーブル
〜〜	サンドウェーブ
51	水深（メーター）
⊥	航路の中央灯浮標
+++(P.A)	危険でない沈船（P.Aはおよその位置の意味）
→ 6kn	上げ潮流の方向と早さ（ノット）
→	下げ潮流
S.G.Sh	底質：S(Sand=砂) G(Gravel=礫) Sh(Shell=貝)
★ Alt.w.r.10sec 49m 19M	灯台（10秒間に白光と紅光が交互に1回ずつ点滅する。灯光の高さ49メーター。灯光の達する距離19マイル）

（※三井・海と船137ページ）

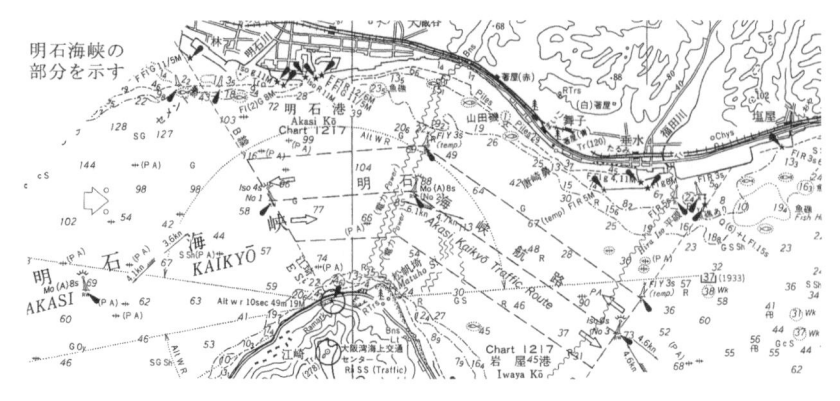

れている。

　1枚3,200円で販売されていることから、一般的には航海の際に濃いめの4Bの鉛筆で記入し、航海が終了すると消して再利用する。

　そして、海図は、ブリッジ（船橋＝せんきょう）に保管しており、大型船などではブリッジにチャート台があって、当直航海士が、チャートで船位を確認する。チャート台は、立ち作業にあわせて普通の机にくらべてかなり高く作られている。海図は、南側を読む人の手前になるように置き、左右の端は緯度目盛りで、上下は経度目盛り、距離は左または右の目盛りで測る。

　海図は地図と異なり、海面下の情報がたくさん盛られている。

　例えば、明石海峡航路付近の海図を参考にすると、底質はM（泥＝Mud）、S（砂＝Sand）、R（岩＝Rock）、数字は水深（メートル）を表わしている。

　海上交通安全法による航路、航路の中央灯浮標、海底ケーブル、危険でない沈船、上げ潮流の方向と速さ（ノット）などさまざまな情報が盛り込まれている。

　なお、海図は、一般書店には備蓄されておらず、財団法人日本水路協会海

図販売所などの専門店でしか販売されていない。

海難　海難の定義については、①船舶の運用に関連して船舶又は船舶以外の施設に損傷を生じたとき、②船舶の構造、設備又は運用に関連して人に死傷を生じたとき、③船舶の安全又は運航が阻害されたとき、と規定されている（海難審判法2条）。この定義に基づいて成立する犯罪は、往来妨害罪、船舶に対する放火・失火罪及び船舶内における致死傷罪が含まれ、これらの事犯は、海難審判の対象とされている（荒木・研究2ページ）。

海難の種類として次のものがある。（海難審判所発行の案内書）

衝突……船舶が、航行中又は停泊中の他の船舶と衝突又は接触し、いずれかの船舶に損傷を生じた場合、船舶が、岸壁、桟橋、燈浮標等の施設に接触し、船舶又は船舶と施設の双方に損傷を生じた場合

乗揚……船舶が、水面下の浅瀬、岩礁、沈船等に乗り揚げ又は底触し、喫水線下の船体に損傷を生じた場合

沈没……船舶が海水等の浸入によって浮力を失い、船体が水面下に没した場合

浸水……船舶が海水の浸入などにより機関、積み荷などに濡れを生じたが、浮力を失うまでには至らなかった場合

転覆……荷崩れ、浸水、転舵等のため、船舶が復原力を失い、転覆又は横転して浮遊状態のままとなった場合

行方不明……船舶が行方不明になった場合

火災……船舶で火災が発生し、船舶に損傷を生じた場合。ただし、他に分類する海難の種類に起因する場合は除く。

爆発……積荷等が引火、化学反応等によって爆発し、船舶に損傷を生じた場合

海難審判所　海難審判の制度は海難審判法に定められ、海難の原因を探求し、その発生を防止することを目的としている。

海難審判所には、審判官、理事官及び書記官が置かれ（海難審判法12条、海難審判所組織規則8条）、審判官は裁判官の、理事官は検察官の職務と対

比し得る職務を行っている。理事官は，審判を行わなければならない事実のあったことを認知したときは，事実を調査し，証拠を集取しなければならず（同法25条），これにより審判開始の申立て（検察官の公訴提起に相当する）をする（同法28条）。

　したがって，理事官は，職務を遂行するために海難関係人の取調べ，船舶その他の場所の検査を行う（同法27条）が，理事官の取調べ等は，司法警察職員，検察官等の捜査に当然先行するものではなく，同時あるいは検察官が先に捜査することも一向に差し支えない。理事官は，調査の結果，海難が海技士若しくは小型船舶操縦士又は水先人の職務上の故意又は過失によって発生したものと認めたときは，海難審判所に対して，その者を受審人とする審判開始の申立てを行う（同法28条1項）。申立ては，書面でしなければならない（同法28条2項）。調査の結果，その者の故意又は過失によって発生したものでないと認めるときは，その事件について審判不要の処分をしなければならない（同法施行規則39条）。

　審判申立期間は海難発生から5年間である（同法28条1項）。

　理事官の審判開始の申立てにより，海難審判所は，海難の原因について取調べを行い，裁決をもってその結論を明らかにする。裁決においては，海難が海技従事者又は水先人の職務上の故意又は過失に因って発生したものであるときは，この者を懲戒にする（同法3条）。

　このような裁決は，一種の行政機関による裁判の性格を有しているので，民・刑事裁判所においては，裁決は司法裁判所を拘束するものではないとしつつも，海難審判所の審理手続きが訴訟類似の手続きをとり，かつ，その道の専門家である審判官によって裁決された権威あるものとの評価を受けている。

　その裁決における処分は，「免許の取消し」・「業務の停止（1か月以上3年以下）」・「戒告」の三種の懲戒が行われる（同法4条）。この点について，船員を二重に刑事処罰と行政処罰の両罰となるので過酷に失し不当であるという主張があるが，この点については，「元来，船舶は，多数の乗客と多量の財貨を積載するのが常で，万一事故が発生すれば，その結果は非常に重大であり，到底陸上の交通の比ではない。この重大なる責任を双肩をになう船

員のみが陸上の交通業者よりもその責任を軽減されるのは不合理である。」（昭和21年3月帝国議会における司法当局の答弁要旨）とされてきたが，現在の自動車事故に対する行政処分の強化と比しても，その妥当性が高められるとしている（荒木・研究7ページ）。

海難審判所は，国土交通省の特別の機関として設置されており（同法7条），東京に置かれている海難審判所と全国7か所に置かれた地方海難審判所で審判が行われる。東京の海難審判所では「重大な海難」を取り扱う。

「重大な海難」とは，①旅客のうち，死亡者若しくは行方不明者又は2人以上の重傷者が発生したもの，②5人以上の死亡者又は行方不明者が発生したもの，③火災又は爆発により運航不能となったもの，④油等の流出により環境に重大な影響を及ぼしたもの，⑤人の運送をする事業の用に供する13人以上の旅客定員を有する船舶，又は物の運送をする事業の用に供する総トン数300トン以上の船舶，あるいは総トン数100トン以上の漁船，が全損となったもの，⑥その他特に重大な社会的影響を及ぼしたと海難審判所長が認めたものをいう（同法施行規則5条）。

海難審判所や地方海難審判所の裁決に不服があれば，その取消しの訴えは，東京高等裁判所（専属管轄）へ提訴ができる（同法44条1項）。高等裁判所の判決に対する不服に対して，最高裁判所への上告も可能である。

海難審判所の組織は，下記のとおりである。

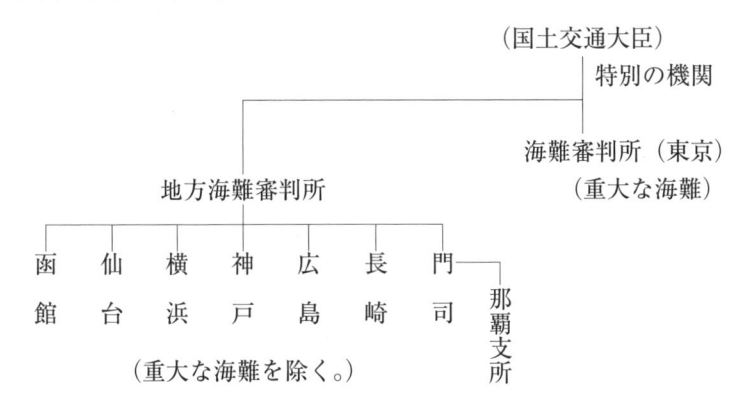

```
                        （国土交通大臣）
                              │ 特別の機関
                ┌─────────────┤
                │             海難審判所（東京）
         地方海難審判所          （重大な海難）
    ┌──┬──┬──┬──┬──┬──┐
    函  仙  横  神  広  長  門─┐
    館  台  浜  戸  島  崎  司  那覇支所
         （重大な海難を除く。）
```

海難審判先行の原則　　海難事件については，海難審判所理事官の審判申立

て，審判の裁決と検察官の公訴提起との間に，法文上の先行，後行関係はないが，従来よりいわゆる海難審判先行の原則がある。これは検察官の公訴提起は，海難審判所の裁決を経たのちに行うべきであるとする取り扱いであるが，これはあくまでも実務上の慣行にとどまるものであって，訴訟法上の原則ではなく，これに反した公訴の提起を不適法ならしめるものではない。海難審判先行主義の根拠は，明治26年3月に司法大臣，逓信大臣間において，「海技従事者の職務上の過失・懈怠に因る海難事件については，刑事証拠の十分なるもののほかはなるべく海事審判を先にする」旨の申し合わせがなされ，司法省法務局刑甲90号の通牒が発せられている。その後，法務庁検務局長から検事総長，検事長あてになされた通知においても，原則として海難審判先行主義を採用する旨が表明されている。

このように海難事件については，海難審判先行の原則があるものの，その一方で，海難審判庁の審判官，理事官は，法律専門家でなく，元船長，機関長等の技術家により占められているので，専門的見地からの判断は尊重を要するものの，法的評価や法律論においては直ちに賛成し得ないとする批判もあることから，裁決の扱いについては十分吟味を要する。海難事件の過失の認定は，専門的・技術的知識を要するためであるというのであるから，事件の内容により，それほど専門的・技術的な知識を要せず，かつ過失の認定が安易に可能な場合は，必ずしも海難審判先行主義にとらわれる必要はないであろう（荒木・研究6ページ）とする。

海　里（かいり）　海上里程の単位であって，1海里とは，緯度差（地球中心において張る角）1分（緯度1度の60分の1）の地表面の長さであり，1海里の長さは緯度によって異なるので，国際海里では1,852メートルとしている。1マイルともいう。1時間で1海里を進む速力のことを1ノットという。

殻長（かくちょう），殻高（かくこう），殻蓋（かくがい）　水産動植物の大きさを表すのに，その種類によって測定しやすいようにそれぞれ，「体長」，「全長」，「殻長」，「殻高」，「殻蓋」を用いている。「殻長」はあわび，あさ

り，はまぐり，みるくい，たいらぎを測定するのに用い，「体長」はさけ，ます，いせえびに用い，「全長」はうなぎに用い，「殻高」は，さざえを測定するのに用いる。しかし，例えば，兵庫県漁業調整規則では，さざえを測定する場合は，「殻蓋の径」を測定するとしている（同規則36条）。
※それぞれの測定の方法は，「体長等の測定方法」の項を参照されたい。

舵（かじ＝ラダー）　舵は推進器（プロペラ）と共に，船舶を安全に予定通り目的港へ航海させる重要な装置の一つであり，船尾に設置されている。舵は船橋での操舵号令によって船尾部に設けられている操舵機械室で，油圧による操舵機が作動して動くようになっている。

　図1のように船尾部に設置されている舵を左右などに動かすと，図2で示すように動く（図説海事概要134ページ）。

図1

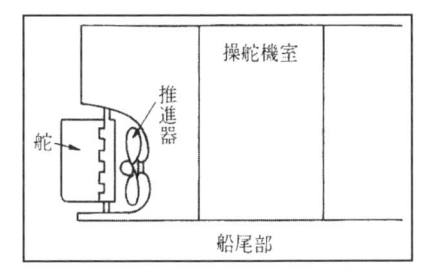

図2

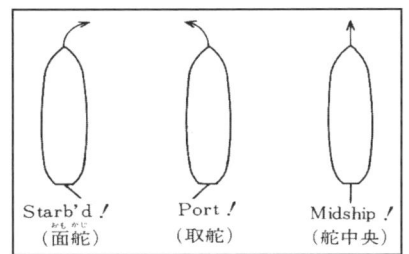

（※図説海事概要134ページ）

管海官庁（かんかいかんちょう）　海事に関する行政事務を取り扱う官庁のことをいう。船舶法では，国土交通省設置法に基づく海運局及びその支局の長のことを指すが，船舶安全法では，海運局長，海運局支局長のほかに国土交通大臣，小型船舶検査機構，都道府県知事を指す場合がある。また，商法，海難審判法などに用例がある。

管　轄　裁判所の土地管轄について，犯罪地が日本の領海内（12海里）の海である場合，沿岸領海はいずれかの都道府県又は市町村に分属すべきものであるが，その境界は慣習・条理に委ねられていて，有権的に定められてい

ない上，慣習等により一応都道府県単位の境界線は引き得るものの，それより小単位の境界線は慣習・条理上も存在しないので，簡易裁判所の土地管轄の及ぶ範囲は事実上決定し得ないことになる（弘文堂「条解刑事訴訟法」2条解説）として，犯罪地が海域の場合には土地管轄は決定し得ないとしている。

※「漁業調整規則」の項を参照されたい。

起重機船　　水上を移動するクレーン船のことである。起重機を船体や箱船に装置し，商港では重量貨物の積卸しに，造船所では重量物の積込みに用いられる。起重機は回転式のもの，固定式のものがある。回転式のものは，船体が大型であり，割合に軽い貨物を継続的に移動させるのに適し，固定式のものは，船体が小型であり，船側からの有効距離及び水面上の高さの大きいものに適する（上野・Q＆A36ページ以下）。

汽　船　　船を推進させるためには，船に備えてある道具（推進器具）を動力（人力・風力・機械力）によって動かし，水を一方に押しやってその反動力で船体を反対の方向に推し進める。機械力で推進される船は，動力を発生させる推進機関として，蒸気機関が初めに用いられたので，イギリスではSteam shipといわれ，我が国では汽船といわれた。当初は，汽船とは蒸気船のことであったが，その後に内燃機関（例……ディーゼル機関）が採用されてからも，汽船という名称は残っており，機械力により推進する船の総称として，今でも用いられている（上野・Q＆A91ページ）。

※「推進機関」の項を参照されたい。

機　船（きせん）　　推進機関として，内燃機関（例……ディーゼル機関）が用いられるようになって，内燃機関（Internal combustion ship）が現れ，発動機船ともいわれ，これを簡単に表すために「機船」ということもある。内燃機船は，モーター船（Motor ship）とか火船といわれることがある（上野・Q＆A91ページ）。

※「推進機関」の項を参照されたい。

キック　船は舵を取ると船尾を横にふり出しながら回頭を始め，しばらく原針路を進行した後に新しい針路に入って旋回を始めるが，旋回直後は舵に当たる水の圧力によって船が横方向にずれることがある。これを「キック」といい，その最大幅は船の長さの5分の1に達する船もある。
※「旋回」の項を参照されたい。

喫　水（きっすい）　吃水（きっすい）のことであり，吃水とは水を受け入れることである。ドラフト（draft）ともいう。吃水は常用漢字以外のため，「喫水」と書くようになった。

汽　艇（きてい）　蒸気機関で推進する小型船艇のことであるが，主として港内において航洋船に対する諸用途に供され，又は港内の交通運輸その他の雑役に用いられる小型動力船をさし，その範ちゅうには，交通艇，水船，食糧船，官公庁の港内艇，港内曳船，水先艇等いわゆるランチ，モーターボートといわれるものが入る（港則法の解説24ページ）。

汽　笛　海上衝突予防法に規定する汽笛は，短音及び長音を発することができる装置とされている（同法32条）。その汽笛は，短音及び長音を発することができるものであれば，蒸気，電気，圧搾空気等のいずれでもよいとされている。短音は，約1秒間継続する吹鳴をいい，長音は4秒以上6秒以下の時間継続する吹鳴をいう（予防法の解説139～142ページ）。

救命胴衣　ライフジャケットと呼ばれる。船舶職員及び小型船舶操縦者法23条の36に「小型船舶操縦者の遵守事項」として，船外転落防止のために救命胴衣の着用を義務づけている（同法23条の36第4項）が，これは道路交通法でシートベルト着用義務，チャイルドシート着用義務を課しているのに類似するものである。
　救命胴衣の陸揚げにより，現に搭載している人員数より救命胴衣が不足している場合は，船舶安全法施行規則19条3項3号に該当し，臨時検査（船舶安全法5条1項3号）が必要になる。

業務性　船舶を運航するに際しての「業務性」の意義については，かっての自動車による業務上過失致死傷罪における意義と同一と解してよい。

　船舶に関していえば，船長，航海士，甲板員，機関士，機関員，水先人等の地位はすべて船舶航行に関しての地位を有する者といえる。甲板員，機関員が，操船することについて，その業務性が認められているか否かについて明言した裁判例は見当たらない。甲板員も機関員も，船の種類によっては，航海当直員として，船長の監督下において操船することが常態であるので，甲板員らの操船行為にも業務性が認められることになる（荒木・研究 8 ページ，大判昭和 2.11.28 大刑集 6・472）。

　しかし，甲板員らが，通常は全く操船については関与していなかったにもかかわらず，たまたま操船したという場合は，業務性が否定されるだろう。一方，海技免状などの受有者については，継続的に船舶運航の仕事に従事していなくても，継続的に従事する意思が推認される場合が多い（荒木・研究 8 ページ）。

巨大船　長さが200メートル以上の船舶をいう（海上交通安全法 2 条 2 号）。巨大船は「漁ろう船等」とともに，海上交通安全法の適用海域における船舶交通の安全を図るため，航法等において特別な扱いをうける船舶である。

　200メートル以上の「長さ」とは，海上衝突予防法が規定する「全長」と同じである。昭和47年の参議院交通安全特別委員会での答弁の際に，政府委員が，「巨大船に対してほかの船が避航するという関係について区別する理由を考えると，運転の不自由な船を自由な船が避航するという考えが国際的な一種の慣例となっている。運転の不自由を何で見るかと考えると，旋回半径がどうなるかとか，エンジン停止後にエンジンを逆回転してどれくらいの惰性で停止するかという追従指数をみると，200メートルを境にして差が出てくるので，巨大船を200メートル以上とした。」としている。

　巨大船であることを示すための灯火及び標識を必要とする（海上交通安全法27条 1 項）。

漁　業　水産動植物の採捕又は養殖の事業をいう（漁業法 2 条）。

「水産動植物」とは，水界を生活環境とする動物及び植物の一切をいう。したがって魚類，貝類，そう類はもちろん，いか，たこ等の軟体類，えび，かに類の甲殻類，鯨等の海獣類等その範囲は広い。更に，水産動物とは水中のみに棲息するものに限らず，蛙のような両生類も含むほか，現に生活体であるものに限らず，珊瑚，海綿のような水産動植物の遺骸であるものも含む。しかし，目的物が水産動植物以外の土砂や鉱物を採取したり，海中から塩を製出する製塩業のようなものは，漁業の範疇には入らない。

「採捕」とは，天然的状態にある水産動植物を人の所持その他事実上支配し状態に移す行為をいう。水産動植物の採捕は，養殖に対して一般にいう「漁ろう」行為に属するものである。

「養殖」とは，収穫の目的をもって人工的手段を用い，水産動植物の発生又は成育を積極的に増進し，その数又は個体の量を増加させ，又は質の向上を図る行為をいう。

「事業」とは，一定の目的をもって，同種の行為を反復継続することをいう。ただ，この場合に，実際には反復継続して行わない場合であっても，営利の目的で反復継続して行う意思をもって行われるものであれば該当するのであり，それがたとえ1回だけの出漁であっても漁業を営む行為といえる（水産庁・漁業調整58ページ）とする。従って，遊漁，自家消費のための採捕行為ないしは養殖，試験研究，調査，教育実習等の採捕行為は営利性がないので，漁業を営む行為ではないので，これらの行為は漁業としてはとらえていない（金田・漁業法18〜22ページ，水産庁経済課編「漁業制度の改革」237ページ）。

海上保安庁でも，「漁業法上の『漁業』という概念には，営利を目的としない採捕又は養殖は含まれないと考えるのが妥当であろう（海上保安質疑応答集2374ページ）。」としている。

※「採捕」，「養殖」の詳細については，それぞれの項を参照されたい。

漁業監督官・漁業監督吏員　　漁業法74条1項は，「農林水産大臣又は都道府県知事は，所部の職員の中から漁業監督官及び漁業監督吏員を命じ，漁業に関する法令の励行に関する事務をつかさどらせる。」と規定し，漁業監督

官及び漁業監督吏員を漁業警察の本来的執行機関としている。

　法令の励行に関する事務とは，法令が遵守励行されるように監督することであり，法令違反の有無を査察し，違反者を摘発して行政上の措置を執ることである。

　漁業監督官，漁業監督吏員は「漁業監督公務員」と総称されるが，漁業監督官は，水産庁に所属し，本庁及び地方支分局である漁業調整事務所に配属される国家公務員であり，漁業監督吏員は，都道府県の職員の中から知事が任命する地方公務員である。これらの漁業監督公務員は，所属する官公署の長が検察庁の検事正と協議して指名したものは，漁業に関する罪に関し，司法警察員としての職務を行う（漁業法74条5項）ことができる。

　そして，漁業法74条3項は，漁業監督公務員は「必要があると認めるときは，漁場，船舶，事業場，事務所，倉庫等に臨んでその状況若しくは帳簿書類その他の物件を検査し，又は関係者に対して質問することができる。」と規定しているが，即時強制の権限を付与していない。この漁業監督官等の検査を拒み，妨げ，忌避し，質問に対して答弁せず，虚偽の陳述をした場合は，漁業法141条により処罰される（清野・研究55ページ以下）。

　水産庁の地方支分局である漁業調整事務所は，全国に6か所ある。
　北海道漁業調整事務所（札幌市）……北海道
　仙台漁業調整事務所（仙台市）……青森県，岩手県，宮城県，福島県
　新潟漁業調整事務所（新潟市）……秋田県，山形県，新潟県，富山県
　境港漁業調整事務所（境港市）……石川県，福井県，京都府，兵庫県（日本海側），鳥取県，島根県
　瀬戸内海漁業調整事務所（神戸市）……瀬戸内海全域，和歌山県，徳島県，愛媛県，高知県
　九州漁業調整事務所（福岡市）……山口県，九州全県

漁業権　公共の用に供する一定の区域又は水面（漁場）において，一定の漁業を営む権利とされており，行政庁（国の機関としての都道府県知事）の免許によって設定されている。漁業権には，定置漁業権，区画漁業権及び共同漁業権がある（漁業法6条1項）。

①定置漁業は，漁具を定置して営む漁業，②区画漁業は，一定の区域内において，石，かわら，竹，木等を敷設して営む養殖業（第1種区画漁業），土，石，竹，木等によって囲まれた一定の区域内において営む養殖業（第2種区画漁業），それ以外の方法によって，一定の区域内において営む養殖業（第3種区画漁業）とがあり，③共同漁業は，一定の水面を共同利用して，そう類，貝類又は農林水産大臣の指定する定着性の水産動物を目的とする漁業（第1種共同漁業）と定置漁業その他内水面（農林水産大臣の指定する湖沼を除く）又は農林水産大臣の指定する湖沼に準ずる海面において営む漁業（第1種共同漁業を除く）を除き，網漁具（えりやな類を除く）を移動しないように敷設して営む漁業（第2種共同漁業），その他第3種共同漁業から第5種共同漁業がある（漁業法6条）。

漁業権及び入漁権は，漁業法23条1項，43条1項によって，物権とされており，妨害排除請求権があるものの，自力救済は認められていない。漁業権は，物権とされていることから，他を排除して一定区画の海を支配すべき権利を与えられたものであって，その海域に生息する採捕前の水産動植物の個々の所有権まで認めたものでないとされている（大第1刑事判大正11.11.3大刑集1・10・622）。

なお，漁業権侵害については，告訴が訴訟条件とされている（漁業法143条2項）ので，その告訴権の有無及びその告訴の有効性について，漁業協同組合の約款などの確認が必要となる。

漁業権侵害（密漁）と窃盗罪　　漁業権については，一定の漁業区域内に天然に成育する水産動植物の採捕を目的とする専用漁業権を有する者は，ただ，排他的にその権利に属する水産物を採捕し，先占することができる権利を認められているにすぎない。

漁業権侵害が窃盗罪に当たるかどうかにつき争われた先例があるものの，「漁業権を有する者は，水産動植物に対して所有権を獲得しているものではなく，例え監視している専用漁場内であっても，水産動植物はいまだ何人の所有にも属さない無主物であるから，密漁者がそれらを採捕しても，窃盗罪は成立しない」（大第1刑事判大正11.11.3大刑集1・10・622）とする。

密漁による漁業権侵害に適用される法定刑は，窃盗罪に比して著しく軽いために，刑の均衡を失っているとする批判もある。特に近年は，海の資源が枯渇しつつある状況にあり，そのために漁業協同組合において，養殖，蓄養等を行って放流するなどしていることを考慮すると，漁民感情としては釈然としないであろう。

この密漁について，漁業権侵害罪（漁業法143条1項）と偽計業務妨害罪（刑法233条）を適用した事例（青森地裁弘前支部判平成11．3．30判時1694・157）があるが，窃盗罪の適用については立法措置を待つほかない。

漁業調整規則　　漁業法65条において，「農林水産大臣又は都道府県知事は，漁業取締りその他漁業調整のため，①水産動植物の採捕又は処理に関する制限又は禁止，②水産動植物若しくはその製品の販売又は所持に関する制限又は禁止，③漁具又は漁船に関する制限又は禁止，④漁業者の数又は資格に関する制限などについて，必要な省令又は規則を定めることができる。」とし，これに併せて罰則等を設けることができるとしていることを根拠として，都道府県漁業調整規則を制定している。

漁業権は，権利であることから法律事項であるが，漁業調整規則は，①許可漁業等の漁業の制限，禁止は権利でないこと，②許可漁業等については複雑多岐で全国一律に規定することができないこと，③全国一律にし得るものであっても，その内容は具体的事情に応じて随時変更する必要のあるものが多いこと，などの理由から，省令，規則で定められたものである（金田・漁業法344～345ページ）。

漁業調整規則の効力範囲　　国土交通大臣の制定する漁業調整又は水産資源の保護培養に関する省令が，その性質上全国的にその効力を及ぼすのに対し，地方行政庁である都道府県知事が制定する漁業に関する都道府県規則は，通常，その都道府県知事の管轄区域である当該都道府県の区域においてのみ効力を有するにすぎないとされている。すなわち，その都道府県内に，住所を有するか否かに関係なく，その区域内において，違反に該当する行為をなすすべての人に対して適用される（大判大正4．10．15，豚商取締規則

違反の件）が，たとえ，当該都道府県の住民であっても，他の都道府県の区域内で行為するものには，原則としてその効力を及ぼさない。

　都道府県漁業調整規則の効力の及ぶ範囲は，各都道府県の区域を構成する陸地のみならず，地先の海域にもその効力が及ぼしうると解されているが，それは，漁業法65条が，都道府県知事に漁業に関する命令制定権を認めていることから，同権限に基づいて制定された都道府県規則が地先海面にも及ぶことを当然予定しているといえるものである。

　漁業に関する都道府県規則は，地先海面にもその効力を及ぼすものであるが，問題となるのは，各都道府県規則が，その地先海面のいかなる範囲まで効力を及ぼすかということである。都道府県規則の場所的効力範囲について，陸上においては境界線によって区画されているが，現行法では，海上に境界線で区画された都道府県の管轄海域を認めていない（漁業法違反事件の捜査に関して，「行政区画として瀬戸内海に面する兵庫，岡山，香川等各県の海域の管轄海域の境界線を定めたものがあるか。」について，神戸地検姫路支部長が刑事局宛に照会した際に，刑事局は，「普通，地方公共団体の区域は，従来の区域によるとされ，区域には領海を含むと解されている（行判昭和11．2．20，行判昭和12．5．20）が，隣接する都道府県の間の海域の境界については，特段の法規は定められていない。」と回答している（昭33．10．30付け照会，同33．12．24刑事局長発神戸地検検事正宛回答）。（清野・研究10ページ以降）。

　このように，地先海面の各都道府県の海域の管轄区域を定めたものがないことから，都道府県漁業調整規則違反の適用については，犯行海域を特定し，同場所がいずれの都道府県に属する海域であるか特定する必要がある。

　また，同じ都道府県内の海域内の犯罪であっても，各市町村の管轄区域を定めたものがないことから，裁判管轄についても，慎重な扱いが必要である。

※「管轄」の項を参照されたい。

漁　船　　船舶安全法施行規則では，漁船とは，①もっぱら漁ろう（附属船舶を用いてする漁ろうを含む。）に従事する船舶，②漁ろうに従事する船舶

であって漁獲物の保蔵又は製造の設備を有するもの，③もっぱら漁ろう場から漁獲物又はその加工品を運搬する船舶，④もっぱら漁業に関する試験，調査，指導若しくは練習に従事する船舶または漁業の取締りに従事する船舶であって漁ろう設備を有するものをいう（同規則1条2項），とされており，漁船法の定義と酷似するものの，同一解釈ではないので注意を要する。船舶職員及び小型船舶操縦者法では，漁船の定義付けを行っていない。船員法では，政令の定める総トン数30トン未満の漁船に乗り組む船員に対しては同法の適用がない。

漁船登録番号　漁船（総トン数1トン未満の無動力漁船を除く。）は，その所有者がその主たる根拠地を管轄する都道府県知事の備える漁船原簿に登録を受けたものでなければ，これを漁船として使用してはならない（漁船法10条1項）として，登録義務を課している。その登録番号の表示は，船橋又は船首の両側の外部その他最も見やすい場所に鮮明にしなければならないとしている（同施行規則13条）。登録番号は，都道府県の識別標，漁船の等級標，横線及び漁船の番号を組み合わせるとしている（同施行規則）。例えば，兵庫県の識別番号は，「ＨＧ」（同規則の附録）であることから，「ＨＧ登録」と呼ばれている。

漁ろう　魚類，貝類，藻類，海獣類などの水産物を採捕する行為（「漁業法のここが知りたい」金田禎之著（成山堂書店）16ページ）とされている。釣客等による「遊漁」とは区別される。

近海区域　東は東経175度，南は南緯11度，西は東経94度，北は北緯63度の線によって囲まれた水域のことをいう（船舶安全法施行規則1条8項）。

クレーン船　起重機船のことである。
※「起重機船」の項を参照されたい。

形象物　昼間において船舶の種類及びその状態を他の船舶に知らせるため

に表示するものであり，下図のとおり，球形，円すい形，円筒等の一定の形状を鋼，板等で形作っているものをいう。昼間，視界制限状態になった時，又は薄明時には，灯火と形象物が同時に表示されることになる（海上衝突予防法20条3項）。なお，形象物は，黒色のものであることとされている。
※「灯火」の項を参照されたい。

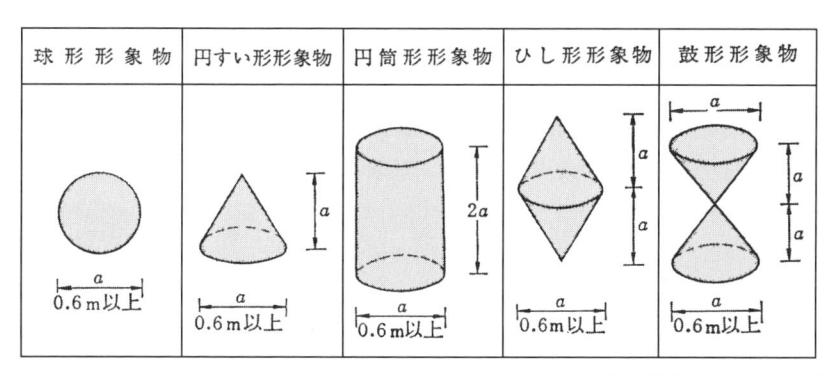

球形形象物	円すい形形象物	円筒形形象物	ひし形形象物	鼓形形象物
直径 a 0.6m以上	底面 a 高さ a 0.6m以上	底面 a 高さ $2a$ 0.6m以上	a, a 0.6m以上	a, a, a 0.6m以上

（※予防法の解説80ページ）

限定沿海区域　沿海区域内であって，平水区域から，小型船舶（※「小型船舶」の項を参照されたい。）の最強速力で2時間以内で往復できる水域のことをいう（小型船舶安全規則7条1項ただし書き，92条4項）。

遠洋・近海

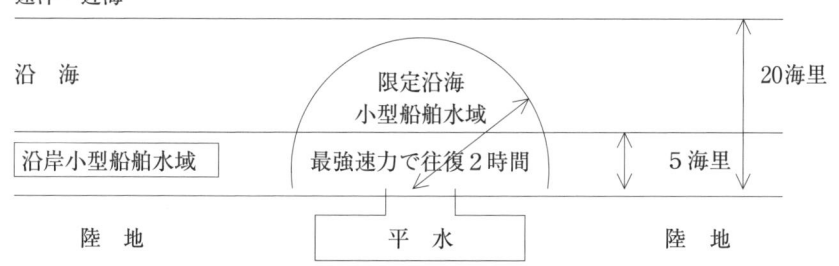

沿　海　　　　　　　限定沿海　　　　　　　　　　20海里
　　　　　　　　　小型船舶水域
沿岸小型船舶水域　最強速力で往復2時間　　5海里
　　　陸　地　　　　　　平　水　　　　　　陸　地

航海日誌　船で記録している業務日誌のことであり，ログ・ブックともいう。種類は多く，公用航海日誌，航海日誌，機関日誌，無線業務日誌，レーダー日誌などがある。航海日誌は，通常はブリッジ（船橋＝せんきょう）に

備え付けており，当直航海士が記入するものである（三井・海と船142ページ以下）。航海日誌の船内備置については，船員法18条1項に規定されている。この規定によると，船長は，国土交通省令の定める場合を除いて，①船舶国籍証書又は国土交通省令の定める証書，②海員名簿，③航海日誌，④旅客名簿，⑤積荷に関する書類，⑥海上運送法26条3項に規定する証明書等を船内に備え置かなければならないとされている。航海日誌の様式は，船員法施行規則11条1項によって規定されており，船員法の定める必要的事項を記載することとなっている（同規則11条2項1号ないし16号）。（須賀・研修685号82ページ）

航海当直　船舶の操船を船長が常時行うこととなれば，その負担は極めて大きく，しかも船舶の航行は有資格者のみで船舶を操船して航海できるものではない。船舶には有資格者以外にも甲板部員が乗り組んでおり，船員法117条の2などにおいて，航海当直をすべき部員の要件等を定めて，船長の指揮のもとに操船業務に従事する。

　そこで当直航海士は，当直中は船舶の航行に関する責任者として，常に船橋に配置して操船にあたり，針路の保持，航法の遵守，船位の確認など一切の船舶の安全航行についての注意義務を負わされている。また，船舶が狭い水路を通過するとき，その他船舶の危険のおそれがあるときは船長自らが船橋に在って船舶の指揮をとることを要するので（船員法10条），このような場合には直ちにこの旨を船長に報告し船長に昇橋を求めるべき注意義務がある。

　当直航海中の船舶事故についての船長の責任は，当直者が単に無資格であるというにとどまらず，無資格にして，かつ，操船技術未熟な者をして当直にあたらせるなど当直者の選任行為に過誤がある場合，あるいは当直者に対する命令に過誤があって事故を招来した場合など事故が船長の行為に直接原因する場合においては，その過失責任を問い得る。

　しかし，当直航海士の過失行為が事故の直接原因である場合は，船長は当直者に対する指導監督責任を負うとはいいながらも，上記責任は2次的なものであって，指導監督行為の過誤が当直航海士の過失行為を支配しているな

ど強い影響力があると認められない限り過失責任を問うことは難しいとされている。船長と航海当直士官双方に過失が認められた事例としては，大分地判昭和50.4.12がある（判例集不登載）。

航 行　人又は物品を運送するとしないとにかかわらず，船舶をその本来の用い方によって用いることを意味すると解されている。航行という用語は，海事関係法令に多く用いられているが，その定義付けの解釈はなく，各法令の目的，個々の条文に即して解釈することが必要である。例えば，船舶法では「航行せしむる」と規定され，船舶安全法では「航行の用に供し」と規定されている。
　「航行せしむる」とは，航行の状態，言い換えると水域を移動できる状態に船舶をおくことをいうが，具体的には，係船索や錨鎖をもって，陸岸又は水底に固定された状態から離脱した状態をいう。
　「航行の用に供し」とは，必ずしも船舶を実際に航行させた場合のみをいうのではなく，航行の用に供する目的をもって，その準備行為をしている場合，例えば，港に停泊中の船舶に，貨客を搭載しつつあるような場合も，船舶を航行の用に供しているものと解されている（中野・研究90ページ，松田・船安法342号105ページ，神宮・船職法368号109ページ）。
　海上衝突予防法3条9項に，「『航行中』とは，船舶がびょう泊（係船浮標をし，又はびょう泊をしている船舶にする係留を含む。）をし，陸岸に係留をし，又は乗り揚げていない状態をいう。」と定義付けていることからすると，船舶が水域を移動できる状態にすることと解される（須賀・研修685号82ページ）。

航行区域　航行区域は，平水区域，沿海区域，近海区域又は遠洋区域に分類されている（船舶安全法施行規則5条）。船の航行区域は，安全検査の定期検査で船の種類，構造，設備，大きさ速力等を考慮して決定される（上野Q&A178〜179ページ）

※　次図は，航行区域の例として，東京湾付近のものを示している。

「船が航行し得る区域（航行区域）」

（※上野・Q&A179ページ）

港　長　海上保安庁長官が海上保安官の中から命ずるもので（海上保安庁法21条1項），その職務は，海上保安庁長官の指揮監督を受け，港則に関する法令に規定する事務を掌ることになっている（同法21条2項）。実際には，港長は，海上保安部長または海上保安署長が兼務している。

航　路（こうろ）　船舶の通路として定められた海域であって，航路には，①船舶が常時往来する水路を指す場合，②船舶が就航する方面を指す場合，③設定された水路標識に囲まれて誘導される水路を指す場合がある。海上交通安全法では，3条以下に，航路における一般的航法，航路ごとの航法，特殊な船舶の航路における交通方法の特則が定められている（須賀・研修685号82ページ）。

航路航行義務　船舶の通路として航路を設けて航路航法を定めて船舶交通の安全を図ろうとしているのに，船舶が航路を航行しないことにはその目的

を達することができない。そこで海上交通安全法では，一定の場合を除いて，航路の一定区間の航行義務を定めている（同法4条）。航路航行の義務を課した船舶は，同法2条2項1号に定める船舶であって，長さが50メートル以上の船舶とされている（同法施行規則3条）。船舶の長さとは，船舶の全長をいう（海上衝突予防法3条10項，※「船舶の長さ」の項を参照）。また，曳航の場合には，曳航する船舶若しくは曳航される船舶のいずれかが全長50メートル以上であれば，本条の適用を受ける。

例えば，明石海峡航路の場合は，海上交通安全法施行規則3条による別表第1の7号により，その全区間を航路に沿って航行することが義務づけられている。明石海峡航路以外の航路では，全区間とは指定されていないところもあるので注意を要する。

海難を避けるためにやむを得ない事由や人命又は他の船舶を救助するためにやむを得ない事由があるとき（海上交通安全法4条ただし書），緊急用務を行う船舶（同法24条1項），漁ろうに従事している船舶（同条2項），工事・作業船（同条3項），海洋調査その他の用務を行うための船舶で，法4条の規定による交通方法に従わないで航行がやむを得ないと海上保安部の長が認めた船舶（同法施行規則3条ただし書）は，航路航行義務は適用されない。

犯罪主体は，自ら操船の任に当たった者，又はその指揮をした者である。

ここにいう航路とは，船舶の航路として海上交通安全法施行規則3条，別表第1に掲げる航路であって，浦賀水道航路，中ノ瀬航路，伊良湖水道航路，明石海峡航路，備讃瀬戸東航路，宇高東航路，宇高西航路，備讃瀬戸北航路，備讃瀬戸南航路，水島航路，来島海峡航路がある。

また，港則法12条では，「雑種船以外の船舶は，特定港に出入りし，又は特定港を通過するには，国土交通省令の定める航路によらなければならない。」として，雑種船以外の船舶につき，特定港においての航路航行義務を課している。

※　例えば，明石海峡航路の状況については，「海図」の項を参照されたい。

航路筋（こうろすじ）　港湾や水道において，浅瀬等によって形成された

通航水路，通航のための浚渫（しゅんせつ）された可航水路，大型船が通航できる深水深の水路などで，狭い水道と同様に衝突予防法上右側通航しなければ安全でないと客観的に認められる水域である（図説予防法29ページ）。

航路標識　灯台，燈標，立標，浮標，霧信号所，無線方位信号所その他の施設をいう（航路標識法１条２項）。

航洋船（こうようせん）　陸岸から相当程度離れた沖合を長時間継続して航行できる船舶をいい，ろかい船，はしけのようなものは海上衝突予防法では航洋船に含まれないとしている（予防法100問３ページ）。

小型船舶　小型船舶安全規則２条で，「この省令において，小型船舶とは，次の各号のいずれかに該当する船舶であって，国際航海に従事する旅客船以外のものをいう。」と規定し，１号には「総トン数20トン未満のもの」，２号には「総トン数20トン以上のものであって，スポーツまたはレクリエーションの用のみに供するものとして告示で定める要件に適合する船体長（船体の強度，水密性または防火性に影響を及ぼすことなく取り外しできる設備を取り外した場合における船体の前端から後端までの水平距離をいう。）が24メートル未満のもの」とされている。

小型船舶操縦者　小型船舶（総トン数20トン未満の船舶及び１人で操縦を行う構造の船舶であって，その運航及び機関の運転に関する業務の内容が総トン数20トン未満の船舶と同等であるものとして国土交通省令で定める総トン数20トン以上の船舶をいう。）の船長をいい，小型船舶操縦士とは，船舶職員及び小型船舶操縦者法23条の２の規定による操縦免許を受けた者をいう（同法２条４項，６項）。
　１級小型船舶操縦士……すべての水域を航行する小型船舶（水上オートバイを除く）に乗船可能
　２級小型船舶操縦士……沿岸５海里以内の水域（平水区域を含む）を航行する小型船舶（水上オートバイを除く）に乗船可能

湖川小出力限定（5トン未満）もある。
特殊小型船舶操縦士……水上オートバイ専用の免許で，原則として湖川及び2海里以内の海域で乗船可能（免許受有者以外は操縦できない。）

さ行

最大高潮時海岸線　春分，秋分の日における満潮位における海岸線をいう。漁業調整規則では，水産動植物の産卵，育成しやすい海域あるいは，多種漁業と特に競合する海域等について，水産資源の保護培養のため，あるいは漁業調整のために禁止区域を設定している。そのような場所の中に陸岸に近い海域がある。しかし，陸岸といっても，1日の中でも季節によっても満潮位が変化することから，海と陸地の境界の特定することに争うがあったが，これまで行政先例は，「陸地と公有水面との境界は，潮汐干満の差ある水面に在りては春分秋分における満潮位を標準としてこれを定むるものとする」（大正11．4．20発土第11号内務次官通達各省次官あて）としており，漁業調整規則ではこれを基準としている（水産庁・漁業調整191ページ）。
※「海」の項を参照されたい。

最大とう載人員　船舶の安全性を確保するために搭載（とうさい）を許されるべき最大限度の人員のことをいい，「旅客」，「船員」及び「その他の乗船者」別にそれぞれの数が定められている（船舶安全法施行規則8条）。この最大搭載人員は，漁船以外の船舶にあっては「旅客」，「船員」及び「その他の乗船者」の別に，船舶設備規定又は小型船舶安全規則の定めるところにより，漁船にあっては，「船員」及び「その他の乗船者」の別に，漁船特殊規程又は小型漁船規則に定めるところにより，管海官庁によって定められるものである。漁船について旅客の最大搭載人員の定めがないのは，旅客の搭載を認めない趣旨である。最大搭載人員に関する規定の適用は，1歳未満の者は算入しないものとし，1歳以上12歳未満の者2人をもって1人に換算するものとされている（上垣・船安法87ページ）。

　最大搭載人員は，「旅客」，「船員」及び「その他の乗船者」の別に定めら

れ，船舶検査証書に記載される。この規定は，船舶の堪航性（船舶が航海に堪えうる性能）の保持及び人命安全の保持を目的とするので，水域を移動航行する船舶に継続して乗船する者を搭載人員に数えることとされている。そこで，港内で一時的に乗船するに過ぎないような者，例えば，水先人や荷役作業員等は，搭載人員に含まないと解されている。

　搭載人員については，船舶の堪航性の保持及び人命の安全保持という見地から各別ごとに対応する乗船設備に応じて各別に定められている。したがって，乗船者全体の最大搭載人員を超えていないものの，各別の定員を超えている場合，船舶安全法18条1項4号違反が成立する。最大搭載人員について，小型船舶の場合でいうと，小型船舶安全規則75条1項に最大搭載人員についての規定があり，①乗船者の搭載にあてる場所に収容することのできる乗船者の数，②検査機関が十分と認める乾げん及び復原性を保持できる最大限の乗船者の数のうちいずれか小さい数とされている（須賀・研修690号78ページ）。

採　捕　　天然的状態にある水産動植物を人の所持その他事実上支配できる状態に移すことをいう。水産動植物を自己の事実的支配に移すべき行為に出るだけで足り，現実に漁獲したことや自己の実力支配下に入れたと認められる状態に置くことまでは必要ではないとして（最判昭和46．11．16刑集25・8・964，判時649・91），現実の捕獲だけではなく，捕獲目的による採捕行為を含むと解されている。

　養殖中のすでに人の所有の状態にある水産動植物を採取する行為は採捕ではない。

左　舷（さげん）　　船を船尾から見て左側が左舷，右側が右舷となる。英語では左舷をポート（port），右舷をスターボード（starboard）という。スターボードの語源は，昔の船は後部右舷側に幅の広いオール又は板を取りつけた側面舵（サイドラダー）が用いられていたことから，右舷をstearboard（操舵する舷）といっており，これが訛ってstarboardとなった。このことから船長も右舷側におり，船では右舷側が上席になっており，船長室は右舷側

に設けられている。右舷に側面舵が取り付けられているので，着岸は左舷側となり，荷役も左舷で行われていた。左舷側が港側（ポート）になるので，左舷側をポートというようになった（三井・海と船67ページ以下）。

　また，左舷側で着岸する理由は，舵を操作してプロペラを逆転させると，船の周囲の水流が舵に影響を与えるので，これを利用するからでもある。一般にプロペラの回転方向は，船の前に向かって時計の針と同じ右回りであるが，そのために舵の上面には常に左側から右へ舵を叩くように水流が当たることとなり，逆に下半分は右から左へねじるような水圧が働いている。そこでプロペラが急に逆回転すると，舵はちょうどその逆モーションを瞬間的に受けるため，直進していた船の方向がわずかに舵の叩かれる方向つまり右へ旋回することになる。つまり，左斜め前方に岸壁を見ながら低速で前進してきて，急にプロペラを逆回転させてやれば，船は少し右に向きを変え，岸壁に平行になって，後は惰性で着岸できるからである。この性質のため，一般に船は岸壁を右側に見て着岸するより左舷からする方が着岸しやすいといわれている（「船の科学」吉田文二著（講談社ブルーバックス）162ページ）。

雑種船　汽艇，はしけ及び端舟その他ろかいのみをもって運転し，又は主としてろかいをもって運転する船舶をいう（港則法3条1項）とされているが，主として港内において活動する小型の船艇を雑種船として定義づけをして，外洋を航海する航洋船又は俗に本船と称される船舶と雑種船とで法の適用を区別している。これらの船舶は主として港内をその活動範囲とし，又は給油船等港内の航洋船に対する諸用途に使用され，あるいはもっぱら港内の交通運輸に供される小型船等あくまでも航洋船等に対し特別な立場にある船舶である（港則法の解説23ページ以下）。
※「汽艇」，「はしけ」の項を参照されたい。

視界制限状態　霧，もや，降雪，暴風雨，砂あらし，その他これらに類する事由により視界が制限されている状態をいう（海上衝突予防法3条12号）。その他これらに類する事由としては，波しぶき，船舶，沿岸工場等からの排煙などが考えられている。どの程度視界が制限されていると視界制限状態に

なるかについては，船舶の大きさ，速力，水域の状況により異なるが，従来より一般的には，小型船舶以外は船舶の舷灯の最小視認距離である2海里以内において，他の船舶の存在や，その他が識別できないか，困難となったときとされている。

　視界制限状態におかれた船舶は，昼夜を問わず，法定灯火を備えている船舶はこれを表示（同法20条2項）し，所定の音響信号を発しなければならない（同法35条）。視界制限状態になった際には，他の船舶との衝突を避けるため機関を頻繁に操作することが予測されるので，機関室に機関当直を置くなどして機関を直ちに操作できるようにしておかなければならない（同法19条2項）。また，そのような状態になっても，同法4条以下のあらゆる視界の状態における船舶の航法が適用される（19条3項）。

　すなわち，見張員の増員による見張り強化，レーダによる見張り，機関用意，安全な速力，霧中信号の励行，衝突のおそれの判断などである。なお，視界制限状態の視程について，通常の船型を想定した場合には，概ね1.8〜2キロメートルになっている場合とする見解もある（操船の基礎117ページ）。

自動舵取装置（オート・パイロット）　　針路を一定目標に設定し，以後はジャイロコンパス又は磁気コンパスで針路に対し船首を偏角した場合，これを自動的に読み取り，電気的に処理して自動的に操舵し，船首の偏角を修正して針路を保つ装置である。船首の偏角は，船首がうねりの影響で左右にヨーイング（船首のゆれ）する場合も生じるが，このヨーイングは自然に交互にくり返すものなので舵をとる必要がない。この偏角に対してそのたびに舵を取るとかえってヨーイングを助長し針路が不安定となる。そこである程度の偏角では操舵しないようにオートパイロット装置を調整する必要があり，これを天候調整という。また船の舵は，その船の特性や積荷の大小による喫水の変化に応じて舵効きが異なってくるので，当て舵調整，舵角調整も行う必要がある。

　オートパイロットを装備した船舶は，自動操舵，手動操舵，遠隔操舵，非常（応急）操舵の4通りの操舵が可能である（図説海事概要119ページ）。

従業制限　漁船は，一般船舶とその業態が異なるところから，航行区域を限定する代わりに従業区域を考慮して従事できる漁業の種類を定めている。漁船は，魚群を追って航行するため，一定の区域制限を加えることは不合理であるとの考えから，漁業の種類に応じた操業水域を考慮して，同水域の類似する漁業種類ごとに分類してこれを規定することによって航行し得る水域を規制している。

　この漁業の種類は，総トン数20トン以上の漁船，総トン数20トン未満の漁船によって分けられている（漁船特殊規則2条）。

　総トン数20トン以上の漁船は，第1種，第2種及び第3種に分けられる（漁船特殊規則3条，4条，5条）。第1種従業制限は，①一本釣り漁業，②延縄漁業，③流網漁業，④刺網漁業，⑤曳網漁業，⑥小型捕鯨業のほか，国土交通大臣及び農林水産大臣において，これらの業務に準ずると認めたる業務としている（漁船特殊規則3条）。第2種従業制限として，①鰹及び鮪竿釣漁業，②真鱈一本釣漁業，鮪，旗魚及び鮫浮延縄漁業，③白蝶貝等採取業，④鮭，鱒及び蟹漁業（母船に附属する漁船によりてなすものに限る。）等のほか，主務大臣においてその業務に準ずる者と認めた業務をいう（同規則4条）。第3種従業制限は，①トロール漁業，②捕鯨業（小型捕鯨業を除く。），③漁業に関する試験，調査，指導，練習又は取締業務等がある（同規則5条）。

　総トン数20トン未満の小型漁船（もっぱら本邦の海岸から12海里以内の海面または内水面において従業する漁船を除く。）は小型第1種，小型第2種に分けられる。　小型漁船の第1種従業制限は，①採介藻漁業，②定置漁業，③旋網漁業，④曳網漁業，⑤小型捕鯨業等がある（同規則6条）。第2種従業制限は，①鮭・鱒流網漁業（東経147度以西の太平洋の海域のみにおいて操業するものを除く。），②鮭，鱒延縄（はえなわ）漁業（総トン数10トン未満の漁船によりてなすものを除く。），③鮪延縄（はえなわ）漁業（総トン数15トン未満の漁船によりてなすものを除く。），④鰹竿釣漁業（総トン数15トン未満の漁船によりてなすもの及び北緯31度30分以北，東経133度30分以西の太平洋の海域のみにおいて操業するものを除く。）等がある（同規則7条）。（須賀・研修685号78ページ）

しゅんせつ（浚渫）船　　港湾・航路の水底から土砂を採る船のことをいう。採取する物の種類，採取の方法により，グラブ式，バケット式，ディッパー式，ポンプ式などに分類される（上野・Q＆A36ページ）。

衝突のおそれ　　船は巨大船になればなるほど，回避行動は遅くなり，行動動作を起こす場合には，早め早めの決行が求められ，余裕のあるうちの行動を求められる。これは万一に備えての警戒行動ということであるが，そこで海上衝突予防法7条4項では，「船舶は，接近してくる他の船舶のコンパス方位に明確な変化が認められない場合には，これと衝突するおそれがあると判断しなければならず，また，接近してくる他の船舶のコンパス方位に明確な変化が認められる場合においても，大型船若しくはえい航作業に従事している船舶に接近し，又は近距離で他の船舶に接近するときは，これと衝突するおそれがあり得ることを考慮しなければならない。」と規定している。ここには道路交通法上の「信頼の原則」は適用されないと解すべきであろう。それは道路交通法では，事故は一瞬の出来事であることなどから，互いに相手の運転手の遵法精神に期待する以外に方法がないということであるが，航法では船舶同士が出合い頭に衝突するということは考えられないからである。他船が視界に入ってから，両船が衝突の危険に遭遇するまで，相当な時間の介在がある。したがって，継続して他船の動向を監視しなければ，その変化に対応した措置をとることができないのであって，その間は衝突のおそれがあるということになる。

※「レーダー」，「レーダープロッティング」の項を参照されたい。

(1) 衝突するおそれがある　　(2) 衝突するおそれがない

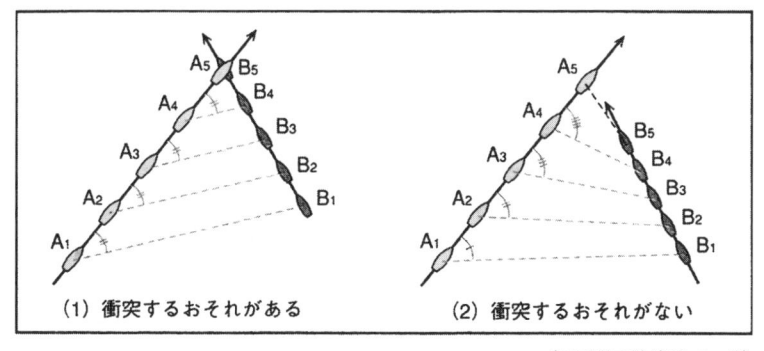

（※図説予防法22ページ）

信　号　　海上衝突予防法では，音響信号（汽笛，号鐘，どら等），発火信号等の備付け義務を課している。
※「音響信号」，「汽笛」の項を参照されたい。

真方位（しんほうい＝True Bearing）　　偏差（地球の北極と地球磁石の北極との誤差）と自差（磁気コンパスに生じる誤差）を修正計測した北を真北とした方位のことをいう。真方位は，海図上に真北を0度として360度読みに度盛りした羅針図に記載されている。実務上は「真方位○○度」などとして，場所の特定方法として物標に近い場合に使われることが多い。「まほうい」ともいう（須賀・研修685号83ページ）。

水産動植物　　水界を生活環境とする動物及び植物の一切をいう。
※「漁業」の項を参照されたい。

水上オートバイ　　「特殊小型船舶」のことであり，同項を参照されたい。

推進機関　　船の推進機関としては，蒸気機関，内燃機関，原子力機関の3つに分けられ，蒸気機関は往復機関（レシプロ）と蒸気タービンに分けられるが，両方の組み合わせによる機関もある。また内燃機関は，揮発油機関・ガス機関・焼玉機関・ディーゼル機関（ディーゼル電気推進）・ガスタービ

ンに分けられる。そのうち船の推進機関として多く用いられるのは，高速船や巨大船には蒸気タービン，砕氷船にはディーゼル電気推進，その他の船にはディーゼル機関が用いられている。（上野・Ｑ＆Ａ93ページ）
※「汽船」，「機船」の項を参照されたい。

スターボード　　船尾から見て右側が右舷，左側が左舷となる。英語では，右舷のことをスターボードという。
※「右舷（うげん）」の項を参照されたい。

狭い水道（狭い水路）　　陸岸や島などにより水域が狭くなっているところでは，船舶の航行上，衝突・乗揚事故発生の危険性の大なることから，海上衝突予防法に規定する行会い船の航法などの一般航法では十分でない場合がある。右側航法という船舶交通の流れとする航法が衝突予防法上必要であるとして規定されたものであるが，同法９条にいう「狭い水道等」とは，２隻の船舶が同時に航行可能な水域であって，かつ，両船が互いに自由に行き会いや横切りの関係を作って航行すると衝突のおそれが大であるが，両船が互いに進行方向に対して右側を進行するときはその危険性が著しく緩和する程度に狭い水域を指すとされている。

　言い換えると，２隻の船舶が自由に行き会いや横切りの関係を作って同時航行をなし得るほどの十分な広さのある水域は，ここにいう「狭い水道」には該当しないし，他方，２隻の船舶の同時航行が不可能であって，１隻の船舶の航行のみが許容される程の広さしかない水域も又ここにいう「狭い水道」には該当しない。この意味において「狭い水道」を画する場合には，上限と下限があるといえる（海上警備219号・緒方重威「いわゆる狭い水道の意義及び同所を航行する船舶の操船者に科せられる注意義務についての一考察「フェリーふたば・パナマ船グレートビクトリー号衝突事故に関する昭和52．５．23広島地裁判決をめぐって」）。

　狭い水道については，同法では具体的に定められていないが，従来，その幅が２海里（約3700メートル）程度以下の水道で，長さは必要としないといわれてきたが，近時は船舶の大型化・深喫水化に伴いその幅はより広いもの

でも該当すると考えられる傾向にある。狭い水道であるかどうかは，その水域を通航する船舶の大小・輻輳度などの交通状況や慣行などに左右される。狭い水道は，自然的にできたものであろうと人工的に形成されたものであろうとそのいかんを問わないとされている。狭い水道に当たるものとしては，由良瀬戸（友が島水道），三原瀬戸，釣島水道などがある。また，明石海峡航路も狭い水道に当たるという裁判例もある（大阪高判昭和44．1．5損害賠償請求事件）判例タイムズ230・202，窪田・船員法387号109ページ）。また，備讃瀬戸の男木島水道（幅1.8海里）も狭い水道と判示する（大正4年海員審判所）。

なお，船員法にいう狭い水路は，必ずしも2隻の船舶しか航行できない狭隘な水路ばかりでなく，いずれか一方へ1隻の船舶しか航行できない狭隘な水路も含むと解されている（窪田・船員法387号108ページ）。

船　員　　日本船舶又は日本船舶以外の国土交通省令の定める船舶に乗り組む船長及び海員並びに予備船員とされている（船員法1条1項）。ただし船員法1条2項の船舶は上記船舶には該当しない。

船員手帳　　船員（船長，海員，予備海員の全てをいう。）に対して，受有することが義務付けられた手帳（船員法50条1項）であって，船員の身分証明書である。その様式は船員法施行規則38条に規定されている。船員手帳は，船員の履歴関係事項が記載されているものであり，船員の労働保護のための行政監督上重要な書類であると共に，自国及び他国における入出に際しての身分証明資料として旅券（パスポート）としての効用がある（出入国管理及び難民認定法3条1項，2条6号）。また，海員が乗船中は，船長が，その船員手帳を保管しなければならない（船員法50条2項）とされている（須賀・研修685号84ページ）。

なお，海運局管内船員労務会議事録によると，船員手帳は，「公正証書」，「免状，鑑札又は旅券」には該当しないので，刑法157条1項（公正証書原本不実記載），同条2項（鑑札等不実記載）については該当しないと解されている（海上警備304号）。

旋　回　船は，船首又は船尾に対して水の流れがある限り，停泊していても舵面にあたる水の力で旋回する。前進中の旋回は，一見すると船首だけが回頭しているようであるが，実際は舵の力で船尾が押されて船首が回頭するのであり，回転の中心は，船首から船の長さの3分の1から5分の1後方の位置にある。舵のあたる水の力は，船を回転させる力と速力を止めようとする力の2つの作用をする。舵角は大きくとるほど舵効が良くなるが，一定の角度に達するとそれ以上の大角度を取っても，いたずらに抵抗が増大するだけで舵効は良くならない。したがって，通常の船では舵角の最大限を35～38度としている。

「旋回圏と用語」

（※図説海事概要137ページ）

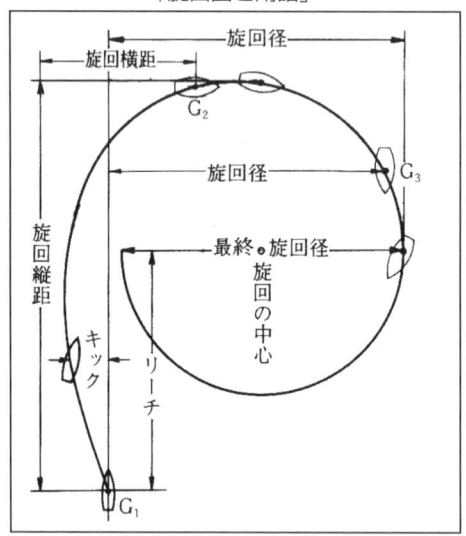

舵効きのよい船であっても，操舵開始と同時に回頭し始め，すぐ新しい針路に向くものではない。旋回圏を描きながら回頭するので，船は新しい針路に定針するまで，元針路上ある程度の距離を進出し，またキックなどによって横方向にずれたりする。また，回頭中は，初め船体はわずかに回頭方向へ傾斜（内方傾斜）するが，その後は遠心力によって反対側へ傾く（外方傾斜）ことになる。その度合いは船の大きさや状態によって一律ではない（図説海事概要137ページ）。

船　橋（せんきょう）　ブリッジ（bridge）のことであり，操舵室など船舶の運航に必要な施設のある区画のことである。艦橋という言い方もある。※「ブリッジ」の項を参照されたい。

船体の動揺（船体運動）　船舶は，波浪中に航行すると，波浪などの影響を受けて動揺するが，船体の動きを大きく分けると6つに大別することができる。船にはその船固有の動揺の周期があって，この周期と同じ周期を持つ浪と出会ったとき，船は大きく揺れる。船が揺れによって傾斜した場合，これを元の状態に戻そうとする力が働くが，これを復原力（Stability）という。安全な航行には十分な復元力をもっていることが大きな条件となる。船体の動揺には，その重心を通る3本の直交軸の周りの回転運動と軸に沿う平行移動運動（並進運動）がある。これを6自由度の運動という。

図のように，回転運動としては，
　①ローリング（横揺）
　②ピッチング（縦揺）
　③ヨーイング（船首揺）
平行移動運動としては，
　④ヒービング（上下揺）
　⑤スウェイング（左右揺）
　⑥サージング（前後揺）
がある。

「船体運動の種類」

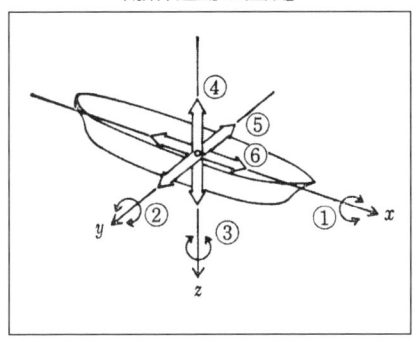

（※操船の基礎120ページ）

① ローリング
② ピッチング
③ ヨーイング
　　回転運動

④ ヒービング
⑤ スウェイング
⑥ サージング
　　平行移動運動

なお，波浪中の船体動揺は，基本的に，ヒービングとピッチングの連成運動である縦揺れ，ヨーイングとローリングの連成運動である横揺れ及び前後揺れの3種類に分類することもできる（操船の基礎119ページ）

※「波浪」の項を参照されたい。

（※操船の基礎120ページ）

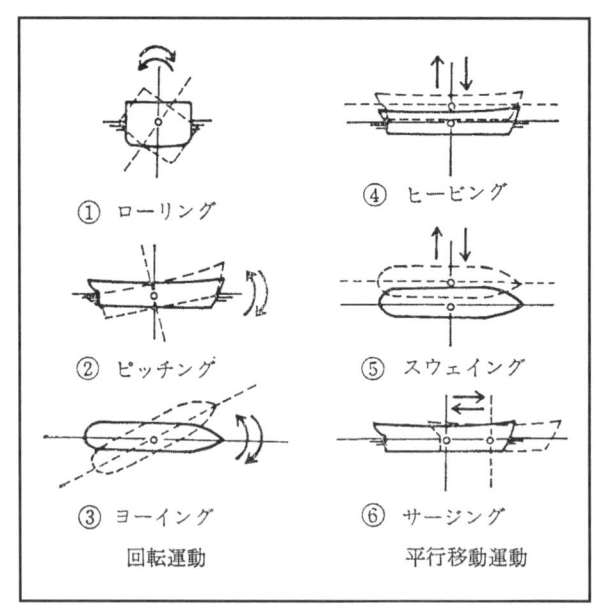

船　長　　海事関係法令のなかに，「船長」の定義付けを設けた海事関係法令は存しないが，「船長」の意義としては，船員法第2章の「船長の職務及び権限」並びに同法第3章の「規律」における規定が参考となる。この規定によると船長は，海員を指揮監督し，かつ，船内にある者に対して自己の職務を行うのに必要な命令をすることができ，その命令に従わない者には，船員法21条，22条で懲戒権を行使することができると規定されている。また，船長には，義務として，発航前の検査義務（船員法8条），航海の成就義務（同法9条），甲板上の指揮義務（同法10条），在船義務（同法11条）等がある。これらのことを考えると，船長とは特定の船舶の指揮監督者と意義付けることができる。

　船舶安全法18条2項の「船長」について，「船長とは，現に船舶に乗船して，その船舶に関する職務に従事する者のうち，当該船舶の長としてこれを指揮する者であって，船舶所有者によって選任された者という。」とした判例（大阪高判昭和55．5．20刑裁月報12・4＝5・355）もある（須賀・研修685号84ページ）。

船長の法令上の概念について，住田正二・船員法の研究87ページ以下は，一つは，実質的に船舶を指揮監督するすべての者，すなわち，代船長，代行船長等を包含する意味での船長であり，その二つは，もっと狭い本来の意味の船長，すなわち，船舶所有者から船長として選任された者の意味であるとし，船舶安全法，港則法にいう船長は前者の意味であり，船員法，船舶職員及び小型船舶操縦者法にいう船長は後者の意味であるとする見解もある（古畑・船舶法，研修382号102ページ）。

船長の資格要件　船長は，船舶職員及び小型船舶操縦者法所定の海技従事者の免許を受有することを要件とするか否かという問題があるが，必ずしもその受有を要件としないと解すべきであろう（住田正二・船員法の研究92ページ以下）とされている。船舶職員及び小型船舶操縦者法が，船舶職員として乗り組む者の資格を定める理由は，船舶の運航担当者に，一定の知識，技能及び乗船経験を要求することによって，航行の安全を図ることにある。船舶運航の技術面から，船長の資格を規制しようとするものであり，同資格の有無が指揮者たる地位自体を左右するものでない。同法は，船舶職員として法定の有資格者を乗り組ませない罪並びに無資格乗組みの罪を規定するが，これらの罰則は，船長の認定について，法定の資格を要件としないことを，当然の前提とした規定である（中野・研究68ページ）。

全　長　水産動物の繁殖保護を図る上から，その採捕する水産動物の体長等を制限しており，それぞれの体長を測定する方法を決めているが，全長とは，その測定方法の一つであり，魚の吻端から尾鰭の上下の末端を結ぶ中点（あるいは，尾鰭の末端より垂下した直線に至る）までの距離である。例えば，さけ，ます，いせえび，ぶり，うなぎを大きさを計測する場合に用いる（水産庁・漁業調整189ページ）。
※「体長等の測定方法」の項を参照されたい。
　なお，「船舶の長さ」については，同項を参照されたい。

船　舶　船舶の定義は，船舶法に定めはないものの，海上交通安全法2条

2項に,「水上輸送の用に供する船舟類をいう。」と規定し,海上衝突予防法3条1項では,「この法律において,船舶とは水上輸送の用に供する船舟類(水上航空機を含む。)をいう。」と規定し,商法684条1項には,「本法において船舶とは商行為をなす目的をもって航海の用に供するものをいう。」と規定している。船舶とは,移動性をその主要な機能とすることから,一定の場所に定置された浮きドック,水中ホテルなどは船舶には当たらないことになる。また,船舶は,用途上・構造上・形状上あるいは法令上など種々の標準により分類されている。その分類としては,運航装置を基準とする汽船と帆船という分け方,航海船と内水船という船舶の航行区域による分類もある(須賀・研修685号75ページ)。

船舶借入人 船舶安全法,同施行規則,船舶職員及び小型船舶操縦者法,船員法において,船舶所有者に関する規定は,「船舶貸借」の場合に船舶借入人に対して適用される。

　船舶貸借とは,船舶の賃貸借並びに使用貸借をいうが,船舶借入人とは,賃貸借並びに使用貸借における借主を意味する。

　船舶安全法等により規定される船舶所有者に課す種々の義務(例えば,定期検査等の受検等)を履行する責任の転嫁を伴う船舶の占有を取得し,かつ運航管理の権限と責任を有する立場のものをいうのであり,当事者間の「借りる」「貸す」という日常的な言葉を,船舶貸借認定の根拠とすることはできない。利用者において当該船舶の引渡しを受け,その運航を自由に管理し支配できる実体がなければ,船舶貸借とはいえないとされている(中野・研究48ページ)。

　短かい日時の利用の許諾を得たにすぎないものを船舶管理人と認めることは困難である。

船舶管理人 海事関係法令では,船舶が共有の場合に,「船舶管理人」に,船舶所有者に関する規定を適用する旨の規定がある。船舶安全法26条,船舶職員及び小型船舶操縦者法3条,船員法5条等がこれに当たるとしている。船舶共有者のだれを船舶管理人と認定するかについて困難を生じる場合があ

る。船舶管理人は，いわゆる両罰規定における代理人若しくは従業者ではなく，単独所有者の場合における船舶所有者並びに船舶貸借の場合における船舶借入人と同様に，業務主である義務主体としての責任を負う（中野・研究42～47ページ）。

船舶検査　船舶検査の種類には，定期検査，中間検査，臨時検査，臨時航行検査，特別検査がある（船舶安全法5条）。

船舶検査証書　船舶検査に合格した船舶に対して，管海官庁が交付する証書のことである（船舶安全法9条1項）。

　同証書には，管海官庁が定めた航行区域（漁船については従業制限），最大とう載人員，制限汽圧，満載喫水線の位置及びその他の航行上の条件が記入されている。その他の航行上の制限の指定は，船舶検査証書に記入して行われることになっている（船舶安全法施行規則12条2項）。同証書の有効期間は，法定されており（船舶安全法10条1項，2項），同証書上にこれが明記される。

　また，中間検査，臨時検査又は特別検査に合格しない船舶はこれらの検査に合格するまでの間，船舶検査証書の効力は停止される（同法10条3項）。同証書の受有は，船舶安全法上の航行供用の条件であり（同法18条1項1号），小型船舶以外の船舶の船長に対しては同証書の船内掲示義務が，小型船舶の船長に対しては船内備置き義務が，それぞれ課せられる（同法10条の3，同規則40条）。

船舶検査手帳　船舶の検査に関する事項を記録するために，最初の定期検査に合格した船舶に「船舶検査手帳」が交付される（船舶安全法10条の2）。船舶所有者は，船舶手帳に必要な事項を記載しておかなければならない（同法施行規則46条3項）。船長は，船舶検査手帳を船内に備え付けておかなければならない（同条4項）。

　船舶検査手帳の様式は，同法施行規則46条1項に基づき，国際航海に従事する旅客船及び国際航海に従事する総トン数500トン以上の船舶（履歴記録

対象船）にあっては，第21号様式の船舶検査手帳，履歴記録対象船以外の船舶については，様式第21号の2様式の船舶検査手帳，そして，小型船舶検査又は船舶安全法7条の2第2項（天災などの事由によって小型船舶検査機構で小型船舶検査事務が円滑に行えない場合で国土交通大臣において必要と認めたときは，管海官庁が検査を行う。）の規定による場合には，第21の3様式の船舶検査手帳が交付される。

船舶自動識別装置　ＡＩＳ（Automatic Identification System）のことであり，船舶の船名，位置，速度，針路，目的地などの航海関連情報が自動的に発信されて，他の船舶や陸上局は，その内容を受信することのできるシステムである。ＳＯＬＡＳ条約（海上における人命の安全のための国際条約）に従い，国際航海を行う旅客船と総トン数300トン以上の船舶，国内のみを航行する総トン数500トン以上の船舶に搭載が義務づけられ，最終的に平成20年7月までに，搭載することとされている（海上保安庁広報誌「かいほジャーナル」）。

船舶職員　船舶職員及び小型船舶操縦者法における船舶職員は，船舶において船長の職務を行う者（小型船舶操縦者を除く。）並びに航海士，機関長，機関士，通信長，通信士の職務を行う者とされており（同法2条2項），部門別に分類すると
　　甲板部　　船長，1等航海士，2等航海士，3等航海士
　　機関部　　機関長，1等機関士，2等機関士，3等機関士
　　通信部　　通信長，2等通信士，3等通信士
の3部門に分かれている。
　船舶職員として船舶に乗り組ませるべき者の資格及び定員については，船舶職員及び小型操縦者法施行令5条により，別表1号ないし9号が定められているが，この表を配乗表という。

船舶所有者　船舶法，船籍政令，同省令，船舶安全法，同施行規則，船舶職員及び小型船舶操縦者法及び船員法は，船舶所有者に対して種々の義務を

課すとともに，当該義務違反に罰則を規定している。ところが，各法によって，船舶所有者の意義が異なる。

　船舶安全法では，「船舶の所有者であり，かつ船舶の運航管理を行う者」としており，船舶の施設を法定して，諸検査を実施し，かつ航行上の条件を指定することによって，船舶の航行上の安全を確保しようとする。したがって，義務主体である「船舶所有者」とは，単なる所有権者を意味するものではなく，実際に船舶の運航の用に供して運航を管理するという要件を具備する必要があると解されている。船舶貸借の場合は，業務主体が船舶借入人とされる理由は，船舶貸借により，船舶の運航管理者が借入人に移転することにほかならない。船舶安全法の主要な罰則は，法定の所検査を受けない船舶の「航行供用」及び航行上の条件に違反した「航行供用」をその対象としており，いずれもの場合も「船舶所有者」が主体とされる。「航行供用」は，船舶の運航を管理する権限を掌握していること，当然の前提とするものと解することができる。

　船舶職員及び小型船舶操縦者法では，「船舶の所有者であり，かつ船舶の運航管理と船舶職員と配乗を行う者」とし，船舶所有者に船舶職員として法定の有資格者を乗り組ませる義務，航海中欠員を生じた場合の届出義務，欠員補充義務及び船舶職員の乗組み若しくは運航状態に関する報告義務等を課している。これらの義務は，船舶の運航管理のほか船舶職員配乗の権限と責任を有する者に課せられていることを当然の前提とするものである。船舶貸借の場合，義務主体が「船舶借入人」とされる理由は，船舶の運航管理及び船舶職員配乗の権限と責任が，借入人に移転するからにほかならない。

　船員法では，「船舶の所有者であり，かつ船員を使用する者」を意味すると解されている。船員法5条は，「……船舶所有者に関する規定は，……船舶所有者，船舶管理人及び船舶借入人以外の者が船員を使用する場合には，これを適用する。」と規定しており，船員法における事業者たる義務主体は，「船員を使用する」要件を具備することを必要とすると解されている。「船員を使用する者」とは，船員の労働契約上の一方の当事者として船員を使用し，その提供する労働に対して賃金の給付をなすべき者を意味する。

　船舶法における，「船舶所有者」は，「船舶の所有権の帰属主体」を意味す

る。船舶安全法，船舶職員及び小型船舶操縦者法における「船舶所有者」とは異なり，所有権以外の他の要件を具備することを必要としないとしている。

　船籍政令・同省令では，船舶法のおける意義と同一と解している（中野・研究36〜41ページ）。

船舶の長さ　船舶の長さは，「垂線間長」，「登録長」，「全長」の区別があるが，実務上必要となるのは，「登録長」，「全長」である。「登録長」とは，法令によって船籍原簿等に登録する長さのことであり，上甲板ビーム上で，船首材の前面から船尾材の後面までの水平距離をいい，この長さは船舶国籍証書や船舶検査証書に記載されている。船舶の全長とは，船体の最前端から最後端までの水平距離をいう。船の長さ（全長）で，例えばコンテナ船（5万総トン）では261メートル，鉱石運搬船（16万重量トン）では313メートル，油タンカー（10万重量トン）では274メートル，同（20万重量トン）では342メートル，同（55万重量トン）では414メートルにもなる。海事関係法令は，船舶の総トン数をもって適用対象船の範囲を決めている（上野・Q＆A130ページ）。

　※　船の寸法（長さ，幅，深さ）は次のとおりである。
　1　船の長さ

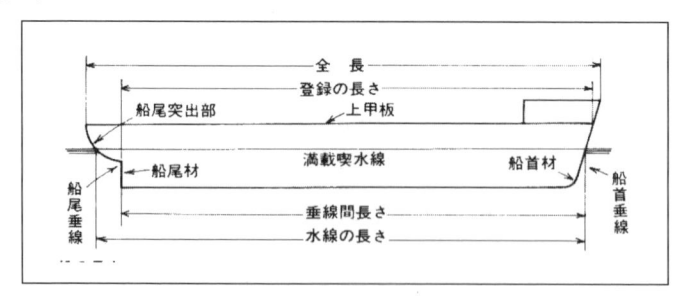

2　船の深さ

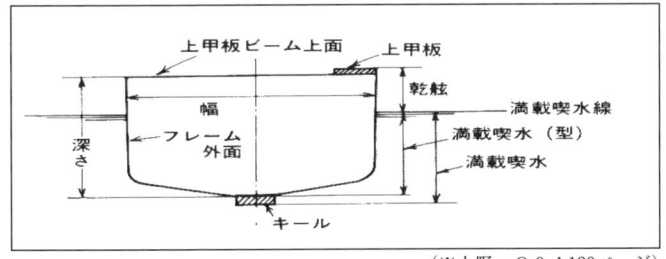

図中ラベル：上甲板ビーム上面、上甲板、幅、乾舷、満載喫水線、満載喫水（型）、満載喫水、深さ、フレーム外面、キール

（※上野・Q&A130ページ）

操縦免許証　小型船舶や特殊小型船舶（水上オートバイ等）を操縦する際に必要とされるものであり，国土交通大臣が行う小型船舶操縦士国家試験の合格者の申請を経て交付される（船舶職員及び小型船舶操縦者法23条の2，同条の5）。操縦免許証は，一級小型船舶操縦士，二級小型船舶操縦士，特殊小型船舶操縦士に分けられる（同法23条の3）。小型船舶に乗船する際には，船内に備え置かなければならず（同法25条），他人に譲渡し，又は貸与してはならない（同法25条の2）とされている。有効期間は，5年である（同法7条の2第1項，23条の11）。

操舵（操船）の方法　操舵は，船長自らが行う場合もあるが，大型船などでは船長等が操舵員に対する号令によって行われる。号令は，舵右を「スターボード・おもかじ」，舵左を「ポート」（とりかじ），現船首方向維持を「ステディ」（ようそろう）という。舵を右にとると前進中の船は船首を右転し，後進中は船首を左転する。

　具体的な操船の一例を示すと，本船の右前方に左へ進む衝突のおそれのある横切り関係にある2隻の船舶がある場合，当直航海士は周囲の状況を確認してから，「スターボード」（右へ舵角が15度になるように操舵せよ）と発令する。

　舵手は「スターボード」と復唱し，右へ舵を15度とり終わったら，「スターボード・サー」と命令遂行の確認をする。船は右へ回頭し，横切り船は，相対的に本船の右舷側から左舷側に移動する。左舷側に十分に変わった時点

で，航海士は「ホイール・ミジップ」（舵を中央に戻せ）と発令。舵手は「ホイール・ミジップ」と復唱して，舵を中央にしたら「ホイール・ミジップ・サー」と確認する。舵を中央に戻しても，惰力でしばらくは，右回頭している。ほぼ回頭が止まったとき，「ステディ」（この号令が発せられた瞬間の針路を保持するように操舵せよ）と航海士が号令を出す。舵手は「ステディ」と復唱して当て舵を当て，針路を保持する。保持できたら「ステディ・□□□・サー」と針路を示す。船は横切り船の船尾側を，十分安全な距離を保ちながら通過する。衝突のおそれがなくなったら，今度は元の針路に戻すことになる。航海士は，"左へ舵角が7度になるように操舵せよ"という意味で「ポート・イージー」と号令。舵手は，「ポート・イージー」と復唱して，舵を7度にとり終わったら「ポート・イージー・サー」と確認する。船体は徐々に左に回頭し元の針路に近づいたら，航海士は「コース・アゲイン・□□□」と原針路に戻すように号令を発する。それに応えて，舵手は「コース・アゲイン・□□□」。当て舵を使いながら元の針路を保持し，「コース・アゲイン・□□□・サー」。これで横切り船を無事に避航し終えたことになる。前記の□□□は真北を〇〇〇度とし，船の進行方向を表すものである。例えば，090度は東で，135度は南東ということである。

　前記のスターボードとポートという言葉は，右舷，左舷のことをいうが，商船では英語を使うものの，漁船や自衛隊では日本語を使用しているようである。（三井・海と船73～76ページ）

　操舵の号令は，上記のように行われるが，「スターボード」（面舵）とは，船首を右に向けるときに使用し，舵角は15度くらいとする。

　「ハード・スターボード」（面舵一杯）とは，急に船首を右に向けることが必要なときで，舵角は30～35度くらいまでとる。

　また「スターボード・イージー・オア・ア・リトル」（わずかに面舵）とは，ほとんど真向かいに対向船があったり，変針角が小さいとき，港内を微速で進行するときなど，あまり大角度をとらないよう面舵の2分の1くらいの舵角とする。

　「スターボード・モア」とは，操船者が指示した舵角では，船の回り方や保針性が悪いとき，さらに面舵とするもので，5～10度右へ舵をとる。

「ポート」(取舵)とは，船首を左に向けるときに行う号令であって，舵角は約15度くらいとする。前述の面舵と同様の号令が，取舵についても使用され，舵角も同様である。

「ポート10」(取舵10度)とは，入出港のときや狭水道など航行する海域の状況が非常に限定されるような場合，単に「ポート」の号令だけでなく，明確に舵角も指示する。これに類似した号令で，操舵を指定したときに，「ポート5」(取舵5度)として，舵中央とせずに舵角を少し減少させる場合もある。

「ミドルシップ」(舵中央)とは，操舵号令のあと，船首が一方に回り始めたとき，操船者は回り過ぎないよう舵を中央(舵角0度)に戻す号令である。使用した操舵号令の角度のおよそ2分の1くらい船首がまわったとき，ゆっくりと舵中央とする。

「ステディ」(ようそろ)とは，舵を中央にもどし，船首の回頭の惰力によって指定の針路に向いたときに，その針路を維持することを指定する号令である。

「コースアゲイン」(もとの針路に戻せ)とは，航海中，横切り船を避けたり，海面の状況により針路を維持することが危険な場合，船が所定の針路から大きく外れたりした場合など，しばらくの間変更した針路で航行し，その必要がなくなったとき，もとの針路へ戻す号令である。

「ナッシング・トウ・ポート」(左に向けるな)とは，航行する海域が狭く，浅瀬があったり，横切り，行き会い船が多くて，危険となったり，他船に誤認を与えないよう船首を維持させるときの号令である。

「コース030度」(針路を30度とせよ)とは，変針号令のあと，新しい針路を指定したり，障害物を避けるために，短時間一定の針路で航走するときに用いられる。

「イージー・ザ・ウェール」(ゆっくりと舵を戻せ)とは，大角度の変針や他船を避けるために舵を一杯に繰ったとき，急に舵を中央に戻すと船首が振れて定針がむずかしく，自船の動きを不明瞭にして危険を生ずるおそれがあるので，少し早めにゆっくりと舵を中央に戻し，また避航したときは変わり行く他船の船尾方向へ船首を徐々に向けながら舵を戻していくための号令で

ある。(図説海事概要132～133ページ)

速力　船舶の速力には，航海速力，経済速力，定期速力，平均速力，制限速力，対水速力，対地速力という言い方がある。

　航海速力とは，船が実際に航海するときの速力であるが，これは波浪や船底の汚れなどで，速力が落ちることを考え，定格馬力の90～85％を機関出力とする。また，載貨の状態では，貨物船は満載状態が普通であるが，客船では4分の3または2分の1載貨の状態がとられる。

　経済速力とは，一定の距離を航海するのに，燃料の消費量が最小で達し得る速力であり，商売上重要な速力である。

　定期速力とは，どんな風波や潮流の場合でも，時間どおりに航走するときの速力である。連絡船などがこの例であり，定期の保持励行が必要であるから，貨物の多少，天候により速力が低下しても，定期的に走るために相当の余裕が必要である。

　平均速力とは，1昼夜の航走里程を1時間に対する割合であり，例えば，航海中の船のある日の航走距離が360海里であったとすると，その日の平均速力は360÷24＝15ノットである。

　制限速力とは，特殊の水域，例えば，港内や河川内等で，特に制限されている速力をいう。

　対水速力とは，船が浮かんでいる水を基準に測った速力のことをいう。

　対地速力とは，地球表面の1点を基準に測った速力のことであり，陸地又は海底に対する速力をいう。

　船の速力で，現在のコンテナ船は平均約20～22ノットである。オリンピックの100メートル走で最速は約10秒で走るが，換算すると19.5ノットで標準なみの船の速力になる。競走用のモーターボートの速力は，時速200km（108ノット）に達するものがある（上野・Q＆A143ページ以下）。

た行

対水速力　船舶を浮かべている水に対する速力のことであり，対地速力をさすのではない。対地速力が15ノットであっても，船舶の進行方向に3ノッ

トの潮流があれば，対水速力は12ノットになる。3ノットの潮流に逆らって対地速力10ノットを維持したとすればその対水速力は13ノットになる。

体長等の制限　都道府県漁業調整規則では，水産動植物の繁殖保護を図る上から，一定の長さ又は重量に達しないあわび，さざえ，たいらぎ，あさり，はまぐり，あかがい，もがい，いせえび，まだこ，うなぎ，ぶり（もじゃこ），みるくいなどの採捕を禁止している。もし採捕した水産動植物中に，これらのものが混じっているときは，直ちに放流しなければならない。放流しなければ体長等の制限違反になるが，都道府県の実態によって，その種類及び体長等は異なっている。また，これらの規定に違反して採捕した水産物又はその製品は，所持し，又は販売してはならないとする都道府県漁業調整規則がある（水産庁・漁業調整188ページ）。

体長等の測定方法　水産動植物の繁殖保護を図る上から，一定の大きさや長さに達しないものは，採捕が禁止されているが，都道府県の実態（海流の温度など）によって，その種類や体長等が異なっている。そして，その大きさを表すために，その種類によって測定しやすいようにそれぞれ体長，全長，殻長（かくちょう），殻高（かくこう）等を定めている（海上警備219号）。殻長はあさり，はまぐり，あわびを測定するのに用い，殻高はさざえに，体長はさけ，ます，いせえびに，全長はうなぎに用いる。

　なお，例えば，兵庫県漁業調整規則では，「殻高」の代わりに，さざえにつき「殻蓋の径」の大きさを測定することとしている（同規則36条）。

　　　体長……吻端（下顎の先端）から尾鰭（おびれ）の上下の基部をつらねた線の中央（あるいは，尾柄の最後端）までの距離（えび類は，眼窩後縁から尾節後端までの距離）をいう。
　　　全長……吻端（ふんたん）から尾鰭（おびれ）の上下の末端を結ぶ線の中央（あるいは，尾鰭の末端より垂下した直線に至る）までの距離（えび類は，額角先端から尾節後端までの距離）をいう。
　　　殻長……前縁と後縁との最大距離をいう。
　　　殻高……殻頂と腹縁との最大距離（まき貝の場合は，殻頂と反対側の最

先端の距離）をいう。

兵庫県漁業調整規則では36条で体長等の制限し，採捕を禁止しているが，その魚貝類の種類及び大きさは，次の9種類である。

　　ぶり（もじゃこ）……全長15センチメートル以下
　　うなぎ………全長20センチメートル以下
　　まだこ………体重100グラム以下
　　あわび………殻長9センチメートル以下
　　さざえ………殻蓋の径2.5センチメートル以下
　　あさり………殻長2.5センチメートル以下
　　はまぐり……殻長5センチメートル以下
　　みるくい……殻長10センチメートル以下
　　たいらぎ……殻長20センチメートル以下

かに類の採捕の体長制限等については，兵庫県漁業調整規則では規制されていないが，北海道海面漁業調整規則，特定大臣許可漁業等の取締りに関する省令，「タラバ」蟹類採捕取締規則等により規制されている。

蟹類の大きさの測定は，「けがに」については甲長で，「たらばがに」，「はなさきがに」，「ずわいがに」，「あぶらがに」等は，甲幅（胸甲の幅）で行う。

甲長（頭胸甲長）とは，頭胸甲の前縁（額縁）と後縁の各中央を結ぶ距離をいい，胸甲の幅（頭胸甲幅）とは，頭胸甲の最大幅の距離をいう

　　けがに…………雌かに及び甲長8センチメートル未満の雄がに（北海道海面漁業調整規則35条）
　　はなさきがに……雌がに及び甲幅8センチメートル未満の雄がに（北海道海面漁業調整規則35条）
　　ずわいがに………甲幅9センチメートル未満（特定大臣許可漁業等の取締りに関する省令25条）
　　たらばがに………胸甲の幅13センチメートル未満（「タラバ」蟹類採捕取締規則2条）
　　あぶらがに………胸甲の幅13センチメートル未満（「タラバ」蟹類採捕取締規則2条）

※これらの魚貝類，かに類の測定方法は，後記「付録」のとおりである。

タグボート（引船）　船又はいかだ等を引いて航海する船は，引船（Tug, Tugboat）といわれる。引船には，外洋における引船及び救難を目的とする航用引船，沿岸及び海における沿岸用引船，港湾での出入港時の離着岸試運転時の離岸を目的とする港内引船，河川における引船及び押船など河川用引船，などがある。大きさもその用途によって異なるが，岸壁や桟橋に船を離着させるのに用いられる引船は大型のものもある（上野・Q＆A34～35ページ）。

チャート　海図のことをいうが，船員は一般的に「チャート」と呼ぶ。
※「海図」の項を参照されたい。

中間検査　船舶所有者が，定期検査と定期検査との中間に，定期検査の場合と同様の事項について受ける簡易な検査のことをいう(船舶安全法5条1項2号)。この中間検査には，第一種中間検査，第二種中間検査及び第三種中間検査がある。第一種中間検査の検査事項は，定期検査と同様に船舶の構造，設備などの全般にわたって精密に行う検査であり，第二種中間検査の検査事項は，船舶安全法施行規則18条1項2号及び4号であり，船体・機関・排水設備・操舵・繋船及び揚錨の設備・荷役その他の作業設備・電気設備のほか国土交通大臣において特に定める事項について行う船体を上架すること又は官海官庁がこれと同等と認める準備を必要としない検査と規定されている。第三種中間検査の検査事項は，同法施行規則18条1項1号及び3号に規定されており，第二種中間検査の検査事項に加えて船舶安全法2条1項の帆装・居住設備・衛生設備がある。検査を受けるのは，船舶所有者，共有の場合は船舶管理人，船舶貸借の場合は船舶借入人が受検義務を負う（同法26条）（須賀・研修687号71ページ）。

※定期検査，中間検査の期間は，下記の図のとおりである。

160　た行

1　一般の小型船舶（旅客船以外）

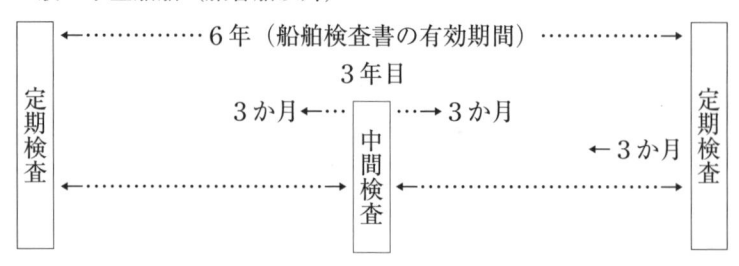

```
定期検査 ←……6年（船舶検査書の有効期間）……→ 定期検査
              3年目
       3か月←…中間検査…→3か月    ←3か月
```

2　総トン数5トン未満の旅客船（旅客定員13名以上）

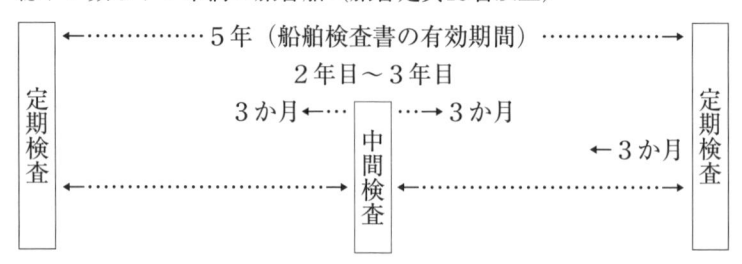

```
定期検査 ←……5年（船舶検査書の有効期間）……→ 定期検査
            2年目～3年目
       3か月←…中間検査…→3か月    ←3か月
```

3　総トン数5トン以上の旅客船は，毎年検査になる

```
定期検査 ←……5年（船舶検査書の有効期間）……→ 定期検査
   3か月[1年目]3か月  3か月[2年目]3か月  3か月[3年目]3か月  3か月[4年目]3か月
              ←…………中間検査…………→
```

※　受検時期以前に受検した場合は，次回検査の時期が繰り上がる。

定期検査　船舶所有者が，船舶を初めて航行の用に供するとき，又は船舶検査証書の有効期間（原則として5年間であるが，旅客船を除き，平水区域を航行区域とする船舶，小型船舶については6年間＝船舶安全法10条1項，

同法施行規則36条）が満了したときに，船舶の構造・設備・満載喫水線及び無線電信・電話について受ける精密な検査のことをいう。検査を受けるのは，船舶所有者，共有の場合は船舶管理人，船舶貸借の場合は船舶借入人が受検義務を負う（同法26条）。（須賀・研修687号71ページ）

停止距離　　前進中の船を停止するには機関を後進させるが，この場合に機関を後進させても惰力があるので船は直ちに停止しない。停止までに要する距離は，機関の種類，操作内容，排水量の大小，船底汚損の度合い等により異なるが，一応の目安としては全速前進中の船の最短停止距離は，小型船の場合にはその船の長さの3～6倍，大型船の場合はその船の長さの8～16倍といわれている。また最短停止距離の既数値を知り得る数式として，反転前の速力（ノット）をS，停止所要時間をT（秒）とすると，「最短停止距離（m）＝1／5 S・T」が用いられる。

灯　火　　船舶の衝突を予防するためには，互いに，他の船舶の種類，状態等に関する情報を得ることが必要である。そこで，これらの情報を伝える手段として，船舶の存在，種類，状態等の概略を示すことができるように，夜間においては灯火を，昼間においては形象物を，船舶の種類状態等に応じて，その数，位置，灯色，形状等を規定し表示することになっている（海上衝突予防法20条）。したがって，これらの灯火，形象物により他の船舶の種類，状態等の情報を得るためには，灯火の組み合わせ，その見え具合，形象物の形などが明確に表示されることが重要になる。なお，昼間は，視界を制限されていない限り，視覚によって他の船舶の種類，状態等に関する情報をある程度把握することができるが，例えば運転不自由船であるか否か，びょう泊中か乗揚げ中かなど判断できない場合がある。このような場合，正確な情報を得られるように，一定の船舶については，一定の形象物の表示を義務づけたものである。

　このように義務づけられた灯火や形象物を法定灯火や法定形象物という。法定灯火には，マスト灯，げん灯，両色灯，船尾灯，引き船灯，全周灯，三色灯，白色の携帯電灯又は白灯がある（同法21条）。法定形象物には，球形

形象物，円すい形形象物，円筒形形象物，ひし形形象物，鼓形形象物，球形気象物に類似した形象物がある。

　法定灯火の表示の時期については，日没から日出までの間表示しなければならない。ただし，視界制限状態にあるときは，日出から日没までの間にあってもこれを表示しなければならないとされている。なお，日出から日没までの間にあって，視界が制限されていないものの，雨雲がたちこめて周囲が非常に見えにくくなっている場合や，太陽が沈む前に周囲が薄暗くなっている場合など，法定灯火を表示することが航行安全上必要と思われる場合には，法定灯火を表示することができる。

　法定形象物の表示の時期については，昼間であっては必ず表示しなければならない。ここにいう「昼間」とは，「日出から日没までの間」だけではなく，日出前と日没後の薄明時間を含むとされている（予防法100問71ページ）。

　なお，航行中の動力船の灯火の表示位置は，次図のとおりであるが，長さ20メートル未満の船舶のような小型船舶及び12メートル未満の動力船のような小型の動力船については，一般の動力船と同様の灯火を表示させることは，その船体の大きさ，構造，電気設備等からみて困難な場合が多いことから，表示義務及び位置について緩和措置が設けられている。（予防法100問76ページ）

※「形象物」については，同項を参照されたい。

「航行中の動力船の灯火」

① 長さ50メートル以上の航行中の動力船

② 長さ50メートル未満の航行中の動力船

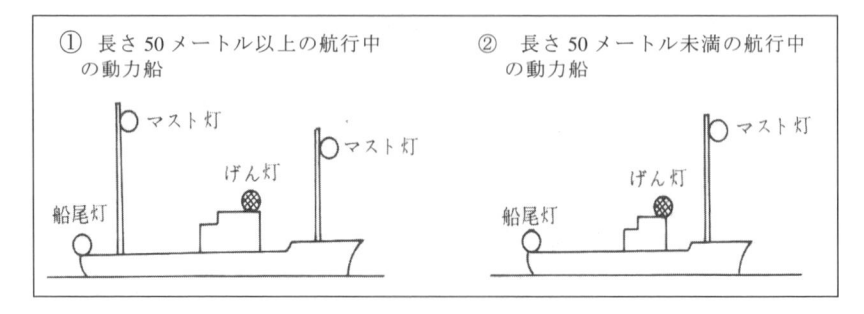

（※予防法100問77ページ）

とう載人員　船舶の堪航性（船舶が航海に堪えうる性能）の保持及び人命安全の保持という見地から，「旅客」，「船員」及び「その他の乗船者」の別に，乗船設備に応じて，各別に定められている。
※「最大とう載人員」の項を参照されたい。

特殊小型船舶　水上オートバイ及び推進機関付サーフライダーのことであり，「小型船舶であって構造その他の事項に関して国土交通省令で定める基準に適合するものをいう（船舶職員及び小型船舶操縦者法施行令10条，別表第2備考1参照）。」と定義されており，これを受けて，同法施行規則127条に「特殊小型船舶」の基準が規定されている。その要件は，①長さ4メートル未満，かつ，幅1.6メートル未満の小型船舶であること，②定員2名以上の小型船舶にあっては，操縦位置及び乗船者の着座位置が直列のものであること，③ハンドルバー方式の操縦装置を用いる小型船舶その他の身体のバランスを用いて操縦を行うことが必要な小型船舶であること，④推進機関として内燃機関を使用したジェット式ポンプを駆動させることによって航行する小型船舶であること，⑤操縦者が船外に転落した際，推進機関が自動的に停止する機能を有する等操縦者がいない状態の小型船舶が船外に転落した操縦者から大きく離れないような機能を有すること，とされている。また，小型船舶安全規則2条2号においても同様に規定している。

特殊小型船舶の航行区域については，船舶安全法施行規則7条及び30条並びに小型船舶安全規則4条に基づいて，「日本小型船舶検査機構検査事務規定細則」が制定され，同細則により運用されているが，同細則第1編第1章総則2・4・(c)によれば，特殊小型船舶の航行区域は，沿岸区域内であって，安全に発着できる地点から当該小型特殊船舶の最強速力で2時間以内に発着できる範囲であり，しかも水上オートバイの場合は2海里以内，推進機関付サーフライダーの場合は船舶安全法施行規則1条6号の水域内（平水区域）から1海里以内と定められている。

水上オートバイを操縦する際には，自分で操縦する義務（船舶職員及び小型船舶操縦者法23条の36第2項，同法施行規則134条），救命胴衣（ライフジャケット）を装着する義務（同法23条の36第4項，同法施行規則137条2項

1号）などがある。

※「救命胴衣」については，同項を参照されたい。

特定港　港則法3条2項に，「きつ水の深い船舶が出入できる港又は外国船舶が常時出入する港」であることを条件として，危険物積載船舶をはじめ，多数の船舶が出入りし，びょう地の指定，泊地移動の制限，航路の航行規制，危険物積載船舶に対する規制等の特別な措置を講ずる必要のある港であり，政令で定めることとしている。特定港は，このように船舶交通の安全確保の見地から選定するものであって，例えば，港湾法上の特定重要港湾の指定等とは，直接，関係はない。「外国船舶が常時出入する港」とは，関税法上の開港である。また，「きつ水の深い船舶」とは，喫水線下の船体の深さが大きいいわゆる大型船であり，一般的には外洋を常時航海する外航船であろうから，当該船舶が出入りする港も，通常は開港である。特定港には，職権を行使する者として港長が置かれている（港則法の解説25ページ）。

　同項で定める特定港は，港則法施行令2条（別表第1）により定められ，兵庫県では，「阪神」，「東播磨」，「姫路」と指定されている。

※「港長」については，同項を参照されたい。

特攻船　主に北方海域で，カニ・ウニなどを密業するために，海上保安庁の巡視艇や旧ソ連警備艇の追跡を逃れるために，3ないし5トンの小型船に200馬力の船外機3機を登載して，40～50ノットの高速で航行できる性能を持った船舶を「特攻船」という。通常の巡視艇は，時速30ノットくらいである。「ジェットフォイル」と呼ばれる水中翼船（旅客定員270名を載せて，ガスタービンエンジンで加圧して海水をジェット噴射して，船体を完全に浮上させ，最高45ノットの速力で走る船舶）と同程度の速力であることから，追尾する巡視艇を振り切って逃走できる性能を持っている。これらの密漁船は，無線機を数台装備して陸地の仲間と連絡をとりながら白昼堂々と密漁を行っており，これら特攻船による密業者の検挙は，海上ではできずに，密漁した漁獲物を船から陸揚げする際にしか検挙できないのが現状である。特攻船の設備等は高額（約1300万円）となるが，約1か月の密漁による水揚げに

よってその設備費を取り戻すことができるといわれている。

　そこで，再犯防止等のために，船体の没収を考慮すべきである。密漁に使用した漁船（特攻船）没収の裁判例，参考資料として馬渕政英「日本で一番早く日が昇る海の特攻船」（研修505号）がある。

　密漁に使用した漁船（特攻船）没収の裁判例として，最一小決平成2．6．28（判例時報1355・155，判例タイムズ733・50），仙台地判平成4．4．24（海上刑事3号）がある。

取　舵（とりかじ）　　船首を左舷側方向に曲げることである。
※「面舵（おもかじ）」の項を参照されたい。

トン数　　船の大きさ（容積）を表す単位であり，15世紀初めにイギリスで定められたといわれ，そのころ船に積み得る酒樽の数で船の大きさを表していた。船に対する諸税金を課す基準として世界各国で採用されている。トン数は船舶国籍証書，船舶検査証書に記載されている。1969年の「船舶のトン数の測度に関する国際条約」の規定に従って定められる基準により算定される総トン数を国際総トン数というが，総トン数は，我が国の海事に関する制度で，船舶の大きさを表すための主な指標として用いられるものである。総トン数は国際総トン数の数値に，それを基準として定められた係数を乗じて得た数値にトンを付けて表す。

　総トン数以外に，排水量を表すのに排水トン数，載貨重量を表す載貨重量トン数，載貨容積トン数という使い方もある（上野・Q＆A132ページ以下）。

な行

入漁権（にゅうぎょけん）　　漁業権者との入漁権設定行為に基づいて，他人の共同漁業権又はひび建養殖業，そう類養殖業，真珠母貝養殖業，小割式養殖業，かき養殖業若しくは第三種区画漁業たる貝類養殖業を内容とする区画漁業権に属する漁場において，その漁業権の内容である漁業の全部又は一部を営む権利であるとされている（漁業法7条）。

すなわち、入漁権は、漁業権のように行政庁の免許という行政行為によって発生する権利ではなく、漁業権者の意思に基づきその設定行為（契約）によって発生する権利である（金田・漁業法201ページ）。

ノット（Knot） 船の速度をあらわす単位である。1ノットとは、1時間に1海里（1海里とは、1,852メートル＝1マイルのこと）進む速度である。

は行

艀（はしけ） 陸と停泊中の本船との間を、作業員、客、貨物を乗せて運ぶ船舶のことをいう。一般的には、バージ（Barge）と呼ばれる。無動力のもの、動力付のもの、帆装をもっているものもある。港則法3条にいう「はしけ」は、これらの船すべてを含む（港則法100問3ページ）。

バージ（Barge） ある地点と他の地点との間で、貨物を運搬する船のことをいい、引き船で引かれる。艀（はしけ）ともいう。推進機関（内燃機関が普通）を備えたものは、自航バージといわれる（上野・Q＆A44ページ）。

バラスト（ballast） 船の姿勢及び安全性を確保するための底荷。通常は海水を用いる（三井・海と船228ページ）。

波浪（はろう） 船舶は航行中に風や波の影響を受けて動揺するが、この波浪は、風浪（wind wave）と、うねり（swell）に分けることができる。風浪とはその付近を吹く風によって直接起こされる波をいい、うねりとは、風浪が発生海域を離れて他の海域に伝播した浪や風浪の発生海域で風が止んだ後に減衰しながら残っている浪をいう。風浪は山がとがっていて、その高さや波長が小さいのにくらべ、うねりは山が丸みをもって

「風　浪」

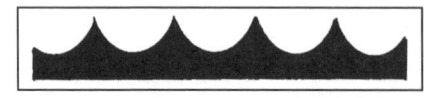

「うねり」

いて，高さも波長も大きいのが特徴である。さらに風浪の方向は，沖合いではだいたい風の吹く方向と一致しているが，うねりの進行方向は必ずしもそのとき吹いている風の方向と一致しない。このため風浪とうねりが干渉しあい，先のとがった不規則な浪が生まれる。これが三角波と呼ばれるもので，台風や低気圧の中心付近の海面でよく見られる。

　この他，船体を基準として相対的な波浪の進行方向を表す方法に，下図の呼び方がある（三井・海と船169～170ページ，操船の基礎120～121ページ）。

「船体を基準とした波向の呼び方」

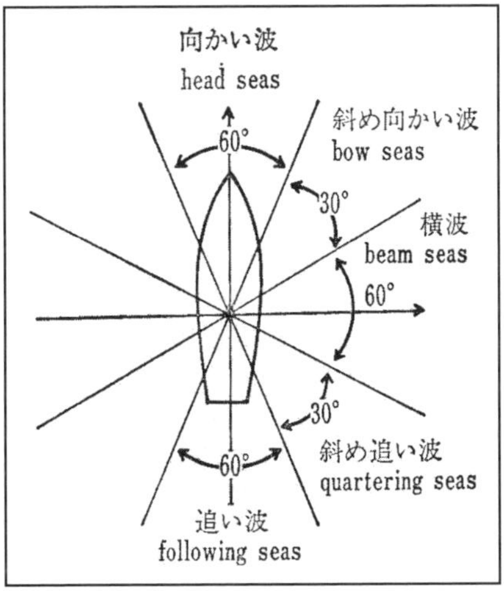

向かい波 head seas
斜め向かい波 bow seas
横波 beam seas
斜め追い波 quartering seas
追い波 following seas

（※操船の基礎121ページ）

※「風浪」の項を参照されたい。

　うねりは波高及び波長（周期）により10階級に分類され（気象庁うねり階級表），その方向は20度，30度，○○度というように36方位で表される。

「うねり」の階級表」

階級	説　明	
0	うねりなし	(No Swell)
1	軽きうねりあり 短く低きうねりあり	(Low swell of short or average length)
2	うねりあり 長く低きうねりあり	(Long low swell)
3	うねり稍大なり 高さ中位にして短きうねりあり	(Short swell of moderate height)
4	うねり大なり 長さ及び高さ中位なるうねり	(Swell of average length and moderate height)
5	うねり高し 高さ中位にして長きうねり	(Long swell of moderate height)
6	うねり頗る高し 短く大なるうねり	(Short heavy swell)
7	うねり殊に巨大なり 長さ中位にして大なるうねり	(Heavy swell of average length)
8	長く大なるうねり	(Long heavy swell)
9	複雑なるうねり	(Confused swell)

引き船　　動力をもたない艀（はしけ）を運ぶ船のことであり，タグボート（tug boat）と呼ばれる。強力な推進機関を備えて，長いワイヤーロープの後ろに3隻か4隻の艀を，あひるの行列のような形で曳いていく。しかし，

「引き船と押し船のシステム」

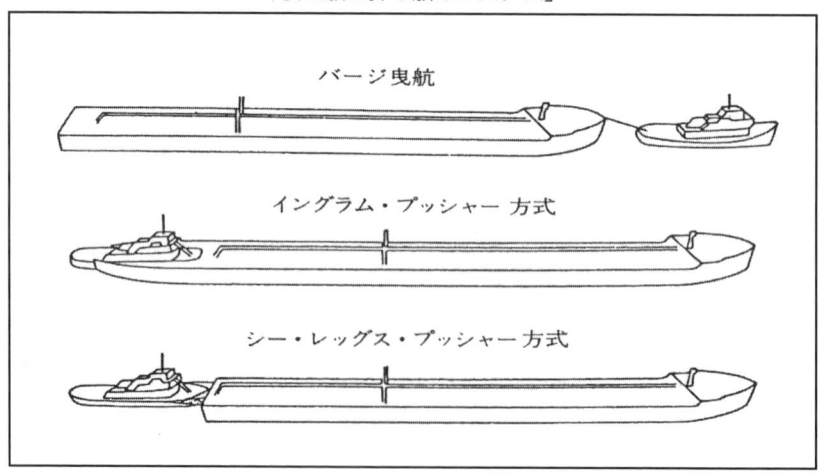

バージ曳航

イングラム・プッシャー方式

シー・レッグス・プッシャー方式

(※吉田文二著「船の一生」73ページ)

この方式も，狭い水道や運河の中では，小型船や漁船，交通艇，モーターボートなどの交通が頻繁となって，衝突や接触の危険性が多くなっている。また，土砂などを一定の沿岸航路で輸送したり，水深の浅い港湾でバラ荷を沖合の大型船まで運び出すような場合は一隻ごとに動力付きの船で運んでいては燃料費がかかり過ぎて不経済であることから，2隻以上の艀をワイヤーロープと鎖でしっかりと結びつけたものや，大きな船体だけを後ろから押し進める押し船（プッシャー）方式が広く使われるようになった。引く方式と押す方式いずれも運動エネルギーは理論的には同じであっても，進行方向の安定性には大きな違いがある（「船の一生」吉田文二著（講談社ブルーバックス）71～73ページ）。

※「押航バージ方式」，「プッシャーバージ」の項を参照されたい。

避航船（ひこうせん）　海上衝突予防法16条の規定で，他の船舶の進路を避けなければならない船舶のことをいい，具体的には，次の動力船等のことをいう。

① 狭い水道等において帆船の進路を避けなければならない航行中の動力船（9条2項）
② 狭い水道等において漁ろう船の進路を避けなければならない航行中の船舶（9条3項）
③ 分離通航方式の通航路において帆船の進路を避けなければならない航行中の動力船（10条6項）
④ 分離通航方式の通航路において漁ろう船の進路を避けなければならない航行中の船舶（10条7項）
⑤ 右舷に風を受ける帆船の進路を避けなければならない左舷に風を受ける帆船（12条1項1号）
⑥ 風下の帆船の進路を避けなければならない風上の帆船（12条1項2号）
⑦ 風上の帆船の進路を避けなければならない左舷に風を受ける帆船（12条1項3号）
⑧ 追い越しされる船舶の進路を避けなければならない追い越し船（13条

1項)
　⑨　右舷側に見る動力船の進路を避けなければならない航行中の動力船（15条1項）
　⑩　運転不自由船，操縦性能制限船，漁ろう船及び帆船の進路を避けなければならない航行中の動力船（18条1項）
　⑪　運転不自由船，操縦性能制限船及び漁ろう船の進路を避けなければならない航行中の帆船（18条2項）
　⑫　運転不自由船及び操縦性能制限船の進路をできる限り避けなければならない漁ろう船（18条3項）
　避航船の航法は，他の船舶から十分に遠ざかるため，できる限り早期に，かつ，大幅に動作をとらなければならない（16条）。避航船の航法としては，15条の横切り船の航法で，やむを得ない場合を除き，他の動力船の船首方向を横切ってはならないと規定しているのみであって，その他の避航船の航法を規定していない。
　避航船の航法としては，針路を変更する方法，速力を変更する方法，針路及び速力を同時に変更する方法が考えられ，運航者はそのときの状況に応じてその方法を自由に選択できるものの，適当な運用方法を執る必要があることは当然である。したがって，避航船は，どのような動作をとろうとも，できる限り早期に，かつ，大幅な動作をとることにより避航船のとりつつある動作に関して保持船に疑問を生じさせないようにしなければならない（予防法100問56ページ以下）。

「避航船の動作」

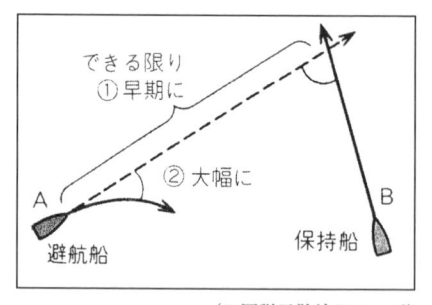

①　できる限り早期に
②　大幅に

A　避航船
B　保持船

（※図説予防法66ページ）

※「運転不自由船」，「漁ろう」等については，各項を参照されたい。

　各種船舶間の航法は右記一覧表のとおりである。

避　航　船	針　路　保　持　船
動　力　船	運転不自由船 操縦性能制限船 漁ろうに従事している船舶 帆　　船
帆　　船	運転不自由船 操縦性能制限船 漁ろうに従事している船舶
漁ろうに従事している船舶（右欄の船舶をできる限り避航）	運転不自由船 操縦性能制限船
運転不自由船および操縦性能制限船以外の船舶（やむを得ない場合を除き右欄の船舶の船舶の安全通航を妨げない。）	喫水制限船（所定の灯火または形象物を掲げている船舶に限る。）
水上航空機（船舶の通航を妨げないようこれらから十分遠ざかる。）	全　船　舶

（※図説海事概要201ページ）

錨　泊（びょうはく）　　港則法5条にいう「びょう泊」とは，船舶が自船の錨によって係止すること，つまり錨又は錨鎖を投下し沈下させ，その把駐力により船舶を水底につなぎとめ停止させている状態をいうが，海上衝突予防法3条にいう「びょう泊」とは，錨により直接又は間接に係止している状態を指し，係船浮標に係留している場合及びびょう泊船舶又は係留浮標に係留している船側に係留している場合をも含む概念である（予防法の解説22ページ）とする。

　錨が水底に達したときから，錨鎖を巻き上げ錨が水底を離れるまでの間が，びょう泊に当たる。

風　浪（ふうろう）　　波の起こったその付近を吹く風によって直接起こされる波のことをいう。風浪はその高さにより10階級に分類される（気象庁風浪階級表）。

　なお，風浪の概略高さを知るには気象庁風力階級表（ビューフォート風

力階級表）の参考波高が実務上の参考となる（操船の基礎120ページ）。

※「波浪」の項を参照されたい。

「気象庁風浪階級表」

階級	波 の 状 態	波高(m)	英語の表現
0	油を流したようになめらかである	0	Calm-glessy
1	おだやか，さざなみがある	0～0.5	Rippled
2	なめらか，小さな風浪がある	0.5～1	Smooth
3	やや波がある	1～2	Slight
4	かなり波がある	2～3	Moderate
5	やや高い波がある	3～4	Rough
6	かなり高い波がある	4～6	Very rough
7	相当荒れている	6～9	High
8	非常に荒れている	9～14	Very high
9	異常な状態（台風の中心域で見られるような場合）	14以上	Phenomenal

復原力・浮力　物体の重量は，重心点を通り下方に垂直に作用する力である。従って，物体（船）が水面に浮かぶためには物体の重量に抗して反対方向に等量の力が作用する必要がある。この反対方向に働く力が浮力である。また，船が外力などによって横傾斜したときに，船が安全な釣合であればもとの状態に起きあがろうとする。この傾向の大きい大きさを復原力，この性能を復原性（stability）という。復原力の大きさは，浮力と重力の作用線の食い違いによって生じる偶力（couple）のモーメントで表される。復原性が悪いと，船舶が航行中波浪により，傾斜外力を受けたときに傾斜角が大きくなり，容易に元に戻らないといわれており，次ぎにくる波によって更に傾斜角を増し，上部の開口から海水が浸入したり，復原限度角度を超えて転覆することも起こり得る。船舶の転覆を防止するためには十分な復原性を有することが必要である。船舶に復原性についての試験の方法，計算及び基準を定めたものとして，「船舶復原性規則（昭和31．12．28運輸省令76号）」がある（須賀・研修687号70ページ）。

例えば，図のように水に浮かんでいる静止する船（図１）では，重力は重心より下方に，浮力は浮心より上方に向かって作用し，重力と浮力とは同じ垂直線上ある。こうして静止する船は釣り合っているが，船体が外力のため

第3編 用語解説　173

「船体の復原性」

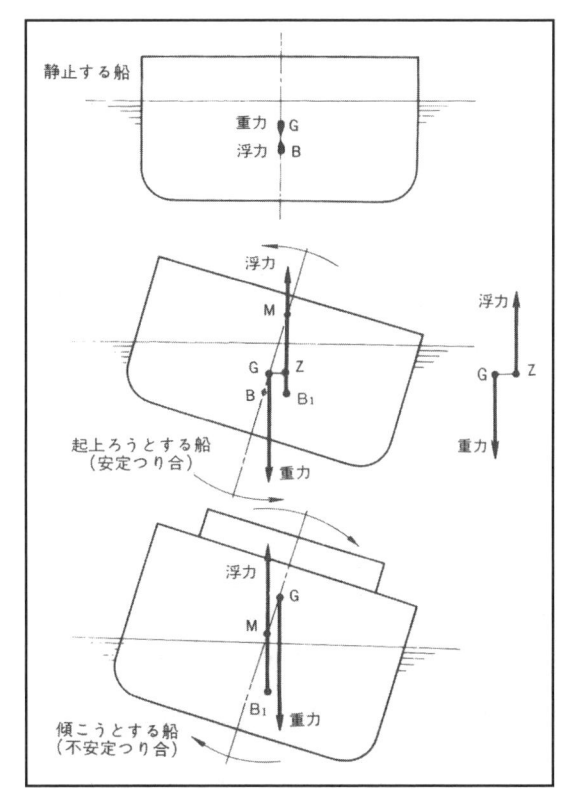

に一方に傾くと（図2），重心の位置は変化しないが，浮心は移動する。この傾いた状態では，浮心と重力は同じ垂直線上にないから，それぞれ勝手の方向に働き，船体を矢印の方向に動かそうとする偶力を生じ，船体は起きあがろうとする。船体が傾いた位置の浮心から，水線に垂直な線が船体の中心線と交わる点（M）をメタセンタといい，その重心（G）との距離をメタセンタ高さ（GM）という。この重心とメタセンタとの相互関係により，偶力の回転方向が異なるから，図3に示されたような不釣り合い状態が生ずる。船体が元の位置に起き上がろうとする力，すなわち，復原力は，GMが大きいほど，大きいわけであるから，GMの大きさで復原力の大きさを表すことになっている。なお，GMの値の一例を示せば，商船では0.3～1.0メートル，軍艦では1.2～2.2メートル，帆船では1.0～2.0メートルである（上野・Q＆A76ページ以下）。

図1　静止する船
図2　起上ろうとする船（安定つり合）
図3　傾こうとする船（不安定つり合）

（※上野・Q＆A77ページ）

プッシャーバージ　バージ数隻と押船1隻で1船団（1対1の方式のもの

もある）とし，大量貨物をバージ（又は大型バージ１隻）に積載し，小型の動力船で押航する。押船を用いてバージを結合して一体とする。そのバージをプッシャーバージといい，押す小型の船を押船という。この輸送方式は，押航バージ方式といわれる（上野・Q＆A29～30ページ）。
※「押航バージ方式」，「引き船」の項を参照されたい。

船（ふね）　小型の船にも大型の船にも用いられ，水上運搬具の総称である。法規上は，「船舶」という名称で用いられている。「舶」という言葉は，大型の船にのみ用いられる（上野・Q＆A２ページ）。
※「船舶」の項を参照されたい。

舟（ふね）　ごく小型の舟に用いられ，ろ（櫓）・かい（櫂）をもって運転する舟などを指すときに用いられる（上野・Q＆A２ページ）。

船の大きさの種類　船をその大きさによって大型船，中型船，小型船に分けることができるが，これにははっきりした境があるわけではない。総トン数で，5,000トン以上を大型船，5,000トン未満3,000トン以上を中型船，3,000トン未満を小型船ということがあるが，これも時と場合により異なるものである（上野・Q＆A139ページ）。

ブリッジ（bridge）　船橋のことであり，操舵室など運航に必要な施設のある区画のことである。wheel house（ホイールハウス）とも呼ばれるが，これは船橋に舵輪があるからである（三井・海と船71, 137ページ）。

平水区域（へいすいくいき）　湖，川及び港内の水域並びに指定された51の水域のことをいう（船舶安全法施行規則１条６項）。港内とは，港則法に基づく港の区域の定めのあるものについては，その区域内をいい，異なる区域を告示で定めることもできるので，告示で定められているときはその区域内になる（須賀・研修685号77ページ）。
※「航行区域」の項を参照されたい。

ポート（port）　船を船尾から見て左側のことをいう。
※「左舷」の項を参照されたい。

保持船（ほじせん）　海上衝突予防法の規定により，互いに視野の内にある2隻の船舶のうち1隻の船舶が他の船舶の進路を避けなければならない場合，当該他の船舶はその針路及び速力を保たなければならないとしている（同法17条1項）。このように保持船に保持義務を課したのは，相手の避航船が不安なく有効な避航動作をとることができるようにするためである。避航義務と保持義務とは，ともに衝突を避けるためのものであって，動作の内容が異なるが，対等であり軽重がない。

　そこで，避航船が海上衝突予防法に定める適切な動作をとっていないことが明らかになった場合には，保持義務の規定にかかわらず，直ちに避航船との衝突を避けるための動作をとることができる（同条2項）が，強制ではない。またその際に，やむを得ない場合を除き針路を左に転じてはならないとしている（図説予防法63ページ以下）。

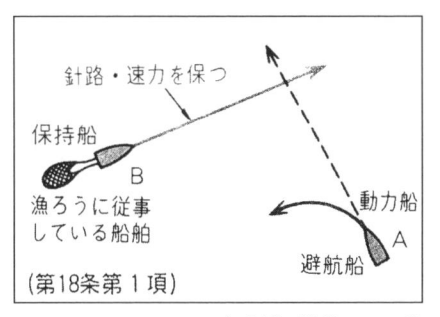

「針路及び速力の保持」
針路・速力を保つ
保持船
B
漁ろうに従事している船舶
（第18条第1項）
動力船
A
避航船
（※図説予防法67ページ）

※「避航船」の項を参照されたい。

ま行

マスト灯　船の外観上のシンボル的存在はマストである。船にマストが見られるようになったのは，風を利用して推進するための帆が用いられるようになってからである。マストは帆を張るためのものであった。そして夜間に航行する船は，マストにマスト灯を，舷側に舷灯を，船尾に船尾灯を掲げるようになった。船舶は航行中，停泊中を問わず，さまざまな灯火や旗を掲げる。長さ50メートル以上の動力船は夜間航行中に，下図に示すように前部マスト灯，後部マスト灯，左舷に紅灯，右舷に緑灯，船尾に船尾灯と5つの灯

火を点灯する。前部マスト灯と後部マスト灯が垂直になり、紅灯、緑灯が見えていれば、その船は、自船の方にまっすぐ向かってくる船であることがわかる。垂直に見えていた２つのマスト灯の低い方、すなわち前部マスト灯が左にずれて見えたら、右に転舵したことを示すものである。夜間、船橋（ブリッジ）での当直者は、マスト灯、舷灯、船尾灯の見え方とその変化を常に双眼鏡で注視し、相手と自船との相対位置関係を把握する（三井・海と船58ページ、予防法の解説73ページ）。

※「灯火」の項を参照されたい。

① 進行方向を示すマスト灯（自船から見た場合）

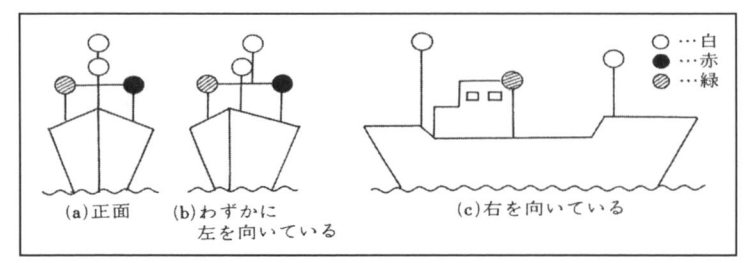

(a) 正面　(b) わずかに左を向いている　(c) 右を向いている

○…白　●…赤　◐…緑

（※三井・海と船58ページ）

② 航行中の動力船の灯火の位置・間隔

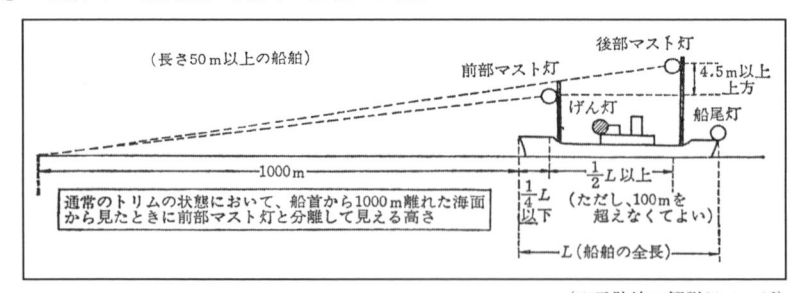

（※予防法の解説81ページ）

真方位（まほうい）　真方位（しんほうい）のことである。同項を参照されたい。

満載喫水線（まんさいきっすいせん） 船舶の航行の安全のためには，船体・機関の構造及び設備，乗務員の技量のほか，貨物の積載量が重大な関心を持つことになる。そこで船舶安全法３条において，満載喫水線を標示する制度を設けて過大積載による危険の防止を図っている。満載喫水線は，載貨による船体の海中沈下が許される最大限度を示す線のことをいう。その表示を必要とする船舶は，船舶安全法３条により，①遠洋区域又は近海区域を航行区域とする船舶，②沿海区域を航行区域とする長さ24メートル以上の船舶，③総トン数20トン以上の漁船，とされている（須賀・研修687号69ページ）。

喫水線の幅は25ミリメートルであり，その上線が満載喫水線である。

満載喫水線の種類は満載喫水線規則36条，59条，65条の２，66条，80条に，その他の様式及び標示方法は同規則37条，60条，65条の３，67条，81条に規定されている。航行区域，季節，漁船の別などによって様式等が異なる。

船倉内の載貨配分状態により傾斜し，左右舷側の喫水に相違を生じた場合は，左右を平均することによって超過載貨の有無，超過沈下度を認定する。

満載喫水線超過載荷の罪（船舶安全法18条１項５号）における「超えて」とは，満載喫水線の上線より上方の船体を水面下に沈下させることをいう（中野・研究155ページ）。また，同罪については，「満載喫水線を超えて載荷したるとき」と規定されているので，載荷した後にその船舶を航行させたか否かはこれを問わないこととされている（海上保安庁質疑応答1537ページ）。

※「満載喫水線」の例として，沿海区域を航行区域とする船舶のものを示した。

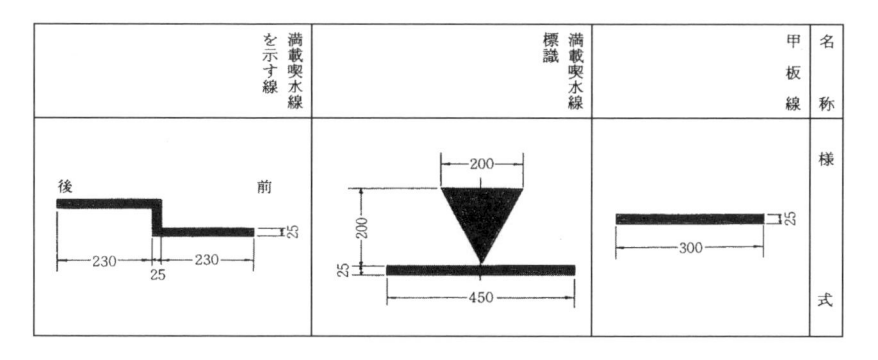

名称	様式
満載喫水線を示す線	後　前　230　25　230　25
満載喫水線標識	200　200　25　450
甲板線	300　25

水　先（みずさき）　水先とは，一定の水先区において，船舶に乗り組み当該船舶を導くことをいい，その水先の案内を行う者を水先人（パイロット＝pilot）という。水先人は免許を必要とする（水先法２条２項）。水先人の免許は，一定の資格を有する者，又は水先試験に合格した者に対し，国土交通大臣が与える（同法４条）。政令で定められた港又は水域において法定の船舶を運航するときは，水先人を乗り込ませることが義務づけられている（同法35条「強制水先」）。船長は，水先人が船舶に赴いたときは，正当な事由がある場合のほか，水先人に水先をさせねばならず（同法41条１項），一方，水先人も，水先を求められたときは，正当な事由がある場合のほかその求めに応じ，かつ，誠実に水先をしなければならない（同法40条，42条）。したがって，水先人が水先区において水先中に，誤判断，怠慢，技能拙劣等が原因となって事故を発生させた場合には，水先人についても過失責任が問われる。

水先人の過失責任　水先人と船長との責任の関係について，水先法41条２項は，「水先人に水先をさせている場合において，船舶の安全な運航を期するための船長の責任を解除し，又はその権限を侵すものと解釈してはならない。」旨規定し，更に同法47条１項に基づいて平成20年４月に決定された水先約款２条は「水先人は，船舶交通の安全を図り，あわせて船舶の運航能率の増進に資するため，船長に助言する者としての資格において，水先業務に誠実に従事するものであり，安全運航に対する船長の権限及びその責任は，水先人の乗船によって変更されるものではない。」と規定し，水先人は船長の安全運航に関する助言者の地位にあることを明らかにしている。法令上は，水先人は船長の運航助言者としての地位に止まると理解されるが，海難審判の裁決例や判例では，その助言者として行う助言の程度・態様・内容について，「船長をして航法に関して水先人の指図に従うことを強制するものではないが，船長の単なる相談相手になる程度の低いものではない。航法上の船舶の指揮を水先人に委ねるのが我が国の水先事情であって，それは水先人の高度な専門知識を船長が深く信頼する結果である。」と指摘され，あるいは「水先人は船長に対し単に航法を教示するに止まらず，現実には船舶の

運航操縦を行うのが通常の業務形態であり，事実上の運航指揮者とみなければならない。」とされている。

したがって，水先人が水先中に発生した事故について，当該船舶の安全運航の最終責任者である船長について過失の有無を検討することはもちろんのこと，水先人についても航法・操船方法等における過失の有無について検討する必要がでてくるが，水先法立法審議における水先法41条2項についての政府委員の答弁では，「水先人が過失によって事故を生じた場合には，水先人はもちろん過失についての責任があるが，同時に船長も指揮者としての責任を負うこととなるかどうかは，具体的事例によって決定される。」（昭和24年5月14日第5国会参院運輸委員会議事録第18号）としている。

水先人の過失のみが問われた事例としては，「横浜地判昭44．8．27・京浜運河におけるノルウェー船タラルド・ビロブグ号と第一宗像丸衝突事件，札幌地室蘭支部判昭45．6．3・室蘭港における油槽船ハイムバード号桟橋衝突事件」がある。このほかにも過去に海難審判の裁判例中水先人の過失のみが認められた事例として，水先区における水路・航路標識・航法・潮流等海象などについて必要な知識を欠き，又は誤判断をして水先を誤った場合（機船有馬山丸防波堤衝突事故～高等審昭24．12．28），見張り不十分（汽船ビミニ・機船第一長和丸衝突事故～高等審昭33．8．28），操船不適切（①霧中航法の誤り　機船チサダネと漁船衝突事故～高等審昭31．11．19　②過度の速力　機船日周丸と機船さくら丸衝突事故～高等審昭39．9．30　③着桟不適切　汽船バレンティニアン桟橋衝突事故～横浜審昭43．11．21，機船ヘイムバード桟橋衝突事故～高等審昭44．11．29）がある。　一方，水先人の過失が否定された事例としては，清水港における機船あおい丸と機船グッドラン・バツケ衝突事故（横浜審昭38．11．8）がある。

水先人の過失責任のみを追求し得るのは，船長の過失責任が水先人のそれに比して軽微である場合ということになると考えられる。すなわち，①船長は外国人で，当該海域を航行するのは初めてで未知の海域であったことから，水先人を信頼して操船を任せていた，②操船方法についても事前に水先人から説明を受け，妥当なものとして水先人の技量を信じて操船を委ねていた，③船長が，水先人の操船方法の不適に気づいた時点では，すでに衝突回

避が困難な状況にあった，④当該船舶の操船上の誤りは，船長の信頼に背いた水先人の過失行為によるものである，などの状況が認められ，当該海難の発生には水先人の過失が直接的に原因すると考えられ場合ということになろう。

港　港則法における港及び区域については，同法施行令1条の別表第1により港の各区域を定めている。

や行

遊漁船（ゆうぎょせん）　旅客が釣り等により魚類その他の水産物を採捕することを「遊漁」といい，その遊漁の用に供されるために使用される船のことであり，漁業を目的としない船舶であって，レジャー目的に利用される船舶をいう。「遊漁船」はそのような船舶の用途を表す用語に過ぎず，法令上の概念ではない。「漁船」が「遊漁船」として使用される場合もあるが，他方，「遊漁船」として使用されたという事実をもって，これを直ちに「漁船」と認定することもできない。船舶安全法上，「専ら遊漁及び漁ろうに従事する総トン数20トン未満の船舶であって，遊漁と漁ろうを同時にしないもの」は，「小型兼用船」として，「漁船」とは異なった法規制を受ける（船舶安全法施行規則1条5項，13条等）。

養　殖　収穫の目的をもって人工手段を加え，水産動植物の発生又は成育を積極的に増進し，その数又は個体の量を増加させ，又は質の向上を図る行為をいう。養殖と類似していて異なるものに畜養と増殖（漁業法127条）がある。

養殖場における水産動植物は，それが区画漁業権の目的である水産動植物である限り，すべて，漁業権者の実力支配内に存するわけで，他人が権利なくこれを採捕するときは漁業権侵害罪のほか窃盗罪が成立する（貝類の地まき式養殖の第3種区画漁業の場合に例外はある。）のであるが，単なる増殖中の水産動植物の採捕は，それが共同漁業権の目的であっても，窃盗罪は成立せず，漁業権侵害（漁業法143条）が成立するにすぎない。

前者の場合には，養殖中の水産動植物に対して，養殖業者の実力支配が及ぶが，後者の共同漁業権の場合には，漁場内の増殖中の水産動植物に対し，漁業権の実力的支配は及ばず，漁業権者は採捕によって初めてこれを実力支配に入れるにすぎないからである。

横切り船　２隻の動力船の進路が交差し，衝突するおそれがある場合であって，行会い関係，追越し関係以外の見合い関係にある動力船をいう。

海上衝突予防法15条１項により，横切り関係にある動力船の航法について，互いに視野の内にある２隻の動力船が互いに進路を横切る場合に，衝突のおそれがあるときは，他の動力船を右舷側に見る動力船が，他の動力船を避航しなければならないとされている。つまり横切り関係にある場合には，他の動力船を右舷側に見る動力船の方が避航義務がある。（図説予防法62ページ）

「横切り船の航法」

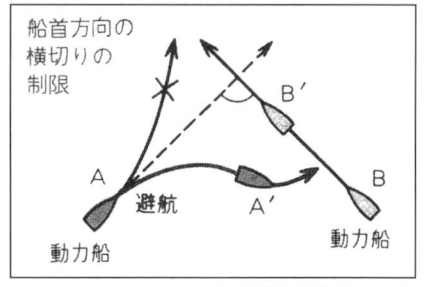

（※図説予防法62ページ）

ら行

ライター（Lighter）　船が座礁したときに，これに横付けして船を軽く浮かせるための船，又は港内で本船の貨物の積み降ろしをするため，本船に横付けされる船をいう（上野・Q＆A44～45ページ）。

臨時検査　船舶安全法２条１項各号に掲げる事項又は無線電信若しくは無線電話につき命令をもって定める改造又は修理を行うとき，同法９条１項の規定により定められた満載喫水線の位置又は船舶検査証書に記載した条件の変更を受けようとするとき，その他命令の定める時に行う検査をいう（同法５条１項３号）。

臨時検査を受ける基準となる改造又は修理については，同法施行規則19条

に規定されており，要約すると，①船舶の堪航性（船舶が航行途上において通常遭遇するであろう気象・海象上の危険に堪えて安全に航行することができる状態をいう。）又は人命の安全（船舶乗組員，旅客及びその他の乗船者の人命の安全を意味する。）の保持に影響を及ぼすおそれのある改造で，船舶の長さ，幅又は深さの変更その他船体の主要な構造の変更で船体の強度，水密性又は防火性に影響を及ぼすもの，舵又は操舵装置についての変更で船舶の操縦性に影響を及ぼすもの，機関に係る物件の性能若しくは形式の異なるものと取替え又は機関の主要部分についての変更で機関の性能に影響を及ぼすもの，その他船舶に固定して備えるものの新設，増備，位置の変更又は性能若しくは形式の異なるものとの取替えや無線電信などの取替え，②修理については，船体の主要部についての曲り直し，補強，取替え等で船体の強度，水密性又は防火性に影響を及ぼすおそれのあるもの，機関の主要部についての削整，補強，溶接その他の作業で機関の性能に影響を及ぼすおそれのあるもの，などがある。

　ところで，船舶の堪航性又は人命の安全の保持に影響を及ぼすおそれの有無の判断は，改造，修理又は変更したこと自体が，直ちに堪航性及び人命の安全の保持に影響を及ぼすおそれを発生させたかどうかによって判断されるべきものではなく，その改造，修理を行った船舶が，航行途上において原因が何であるかを問わず，危険に遭遇した場合において，その改造が堪航性及び人命の安全の保持に影響を及ぼすかどうかで判断しなければならないと解されている。また，プレジャーボート等の一般小型船舶が救命胴衣を陸揚げしたことにより，現にとう載している人員数より救命胴衣が不足している場合は，規則19条3項3号に該当するので，臨時検査が必要となる（須賀・研修687号72ページ，同690号82ページ）。

臨時航行検査　船舶所有者が船舶検査証書を受有しない船舶を臨時に航行の用に供するときに受ける検査を臨時航行検査という。船舶安全法施行規則19条の2に検査対象事項が規定されている。

レーダー　マイクロ波（極超短波・波長30センチ以下）によって探知と測

距を行う計器であり，アンテナ装置からある方向に電波を発射し，途中にある物体からの反射波を受信し，ブラウン管上に映像を結ばせるもので，電波の等速性と直進性を利用した計器である。

　レーダー電波はパルス波で一定の繰返し周期で発射するが，初めてレーダーの映像を見ると，何がどのように映っているのか，どれが船でどれが陸地なのか判別し難いところがある。

　テレビの場合は，ブラウン管にわれわれが肉眼で見る情景がそのまま映し出されるが，レーダーは異なる。船の上空から地表を見下ろした鳥瞰・平面図のように映し出され，画面の中心点が船の位置にあたる。これが現在船舶用レーダーとして最も多く採用されているＰＰＩ（Plan Position Indi-cator「プラン・ポジション・インディケータ」＝図式位置指示）方式である。

　レーダーの性能について，まず，「最大探知能力」がある。これはどれほど遠くの物標が探知できるかということに尽きる。これは送信出力，船のスキャナの高さ，物標の種類（反射性）や高さによって異なるが，最近のものは，最大120マイルのレンジ（測定範囲）をもつレーダーもある。次に，「分離能」といわれるものであり，同一方向にある2物標が，互いにどれだけ離れたときに2物標として分離して見えるかを示す「距離分解能」と，同一距離にある物標が，互いにどれだけ離れたら二つの物標として見えるかを示す「方位分解能」がある。レーダーのレンジは，スイッチで数段階に切り替えられるが，長距離レンジでは遠い物標を早く探知できるものの，小さい物標は探知しにくく，短距離レンジはその逆の制約がある。したがって，状況に応じたレンジの切り替えと，2台のレーダーが装備されている船では長短の両距離用の使い分けが必要になる。

　航海士にとっても，特に雨中や時化（しけ）のときの映像の判断は容易ではない。レーダーをフルに活用するには，性能と特性を念頭に入れ，状況に応じた使用方法と適切な映像判断能力が必要となる。

　レーダー装備船の義務については，海上衝突予防法6条，7条に定められており，航海者はこれを熟知しなければならない。航海中は，レーダーから情報を得て，これを活用し，適切に用いる必要がある。他の船舶と衝突するおそれがあるかどうかを判断するために，レーダープロッティングを必要と

する（三井・海と船147ページ以下，図説海事概要119ページ）。

レーダープロッティング　探知した映像の位置を連続観測し，これをプロッティング用紙に記入して，最接近距離や他船の針路・速力を求め，あるいは衝突回避の針路・速力を求めることである（図説予防法21ページ）。

※　レーダー映像の変化とレーダープロッティングは次のとおりである。

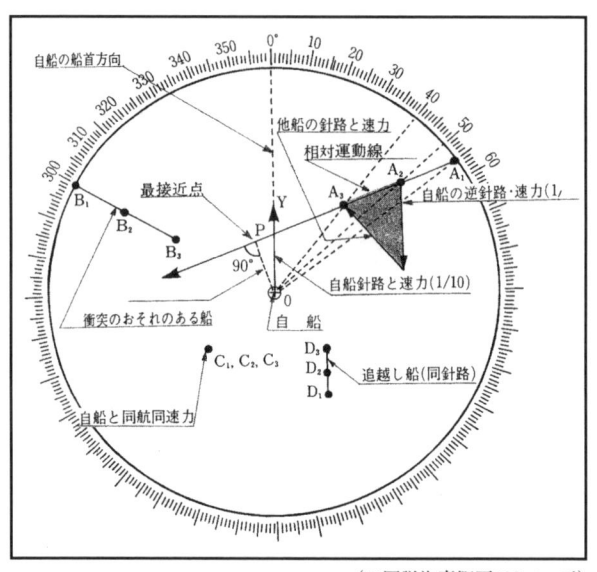

（※図説海事概要122ページ）

図A　6分間隔で観測したレーダー映像の変化とレーダプロッティング（ヘッドアップ，相対方位表示）

　自船（0）を中心とした他の船舶の動きであり，A船，B船の動きをそれぞれ，$A_1 \rightarrow A_2 \rightarrow A_3$，$B_1 \rightarrow B_2 \rightarrow B_3$ とした。A船は，自船の前方を通過するように進行し，B船は自船（0）に向かって進行している。

図B　左（A）図の真運動説明図

A船とは，コンパス方位が次第に変化しているので衝突のおそれはないが，B船とは，コンパス方位に変化がないので，×点で衝突のおそれがある。

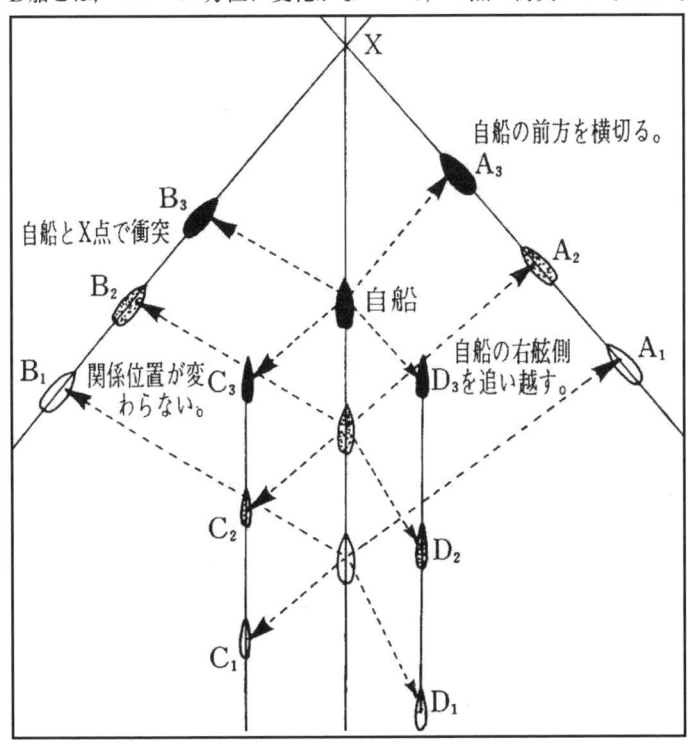

（※図説海事概要123ページ）

付　録

1　魚介類の体長等の測定方法（その1）

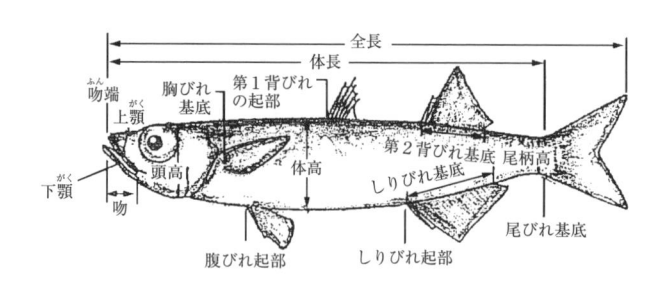

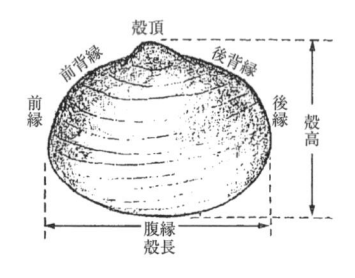

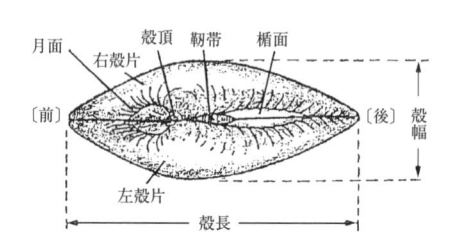

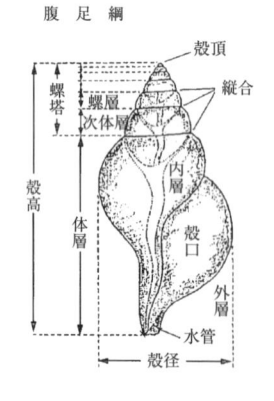

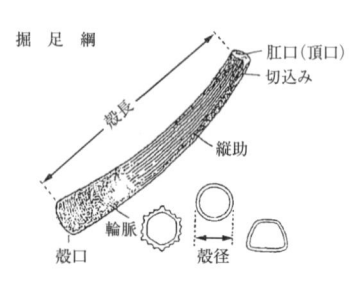

（海上警備292号）

2 魚介類の体長等の測定方法（その2）

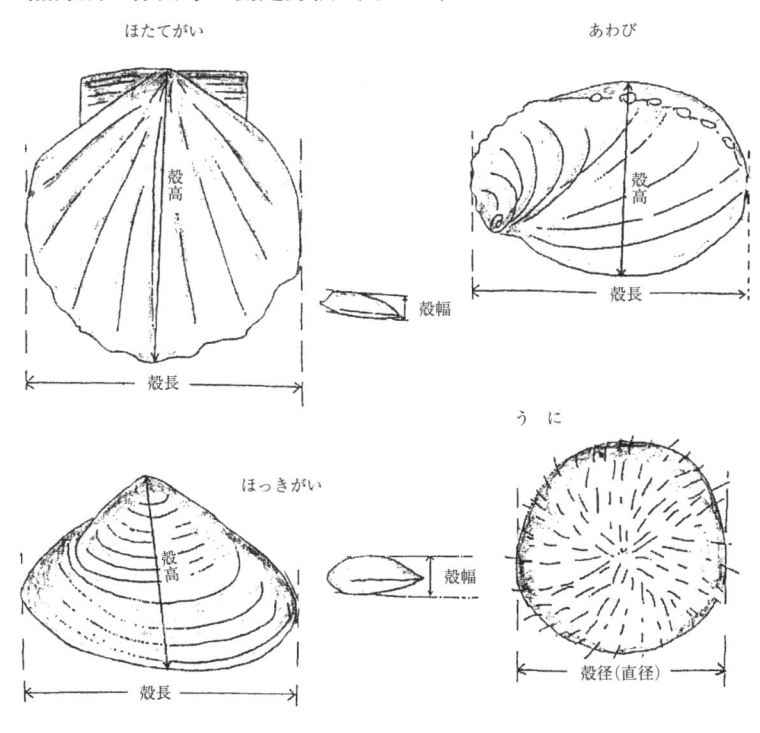

ほたてがい／殻高／殻幅／殻長

あわび／殻高／殻長

ほっきがい／殻高／殻幅／殻長

うに／殻径(直径)

エビ(十脚目長尾亜目)

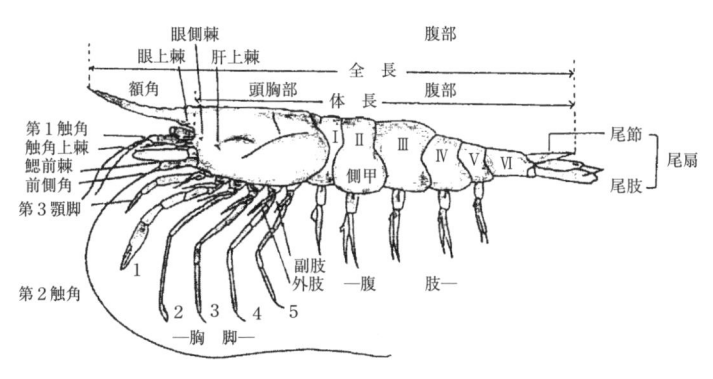

眼側棘／眼上棘／肝上棘／腹部／額角／頭胸部／全長／体長／腹部／第1触角／触角上棘／鰓前棘／前側角／第3顎脚／側甲／尾節／尾肢／尾扇／副肢／外肢／腹肢／第2触角／胸脚

（海上警備292号）

188　付　録

3　蟹類の体長等の測定方法

けがに

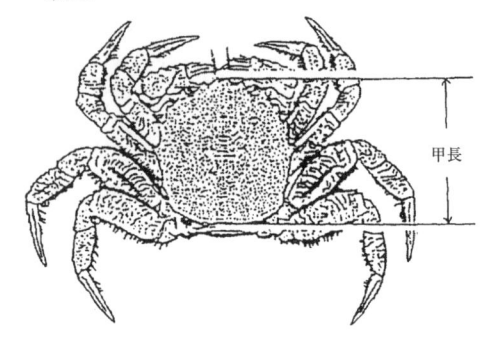

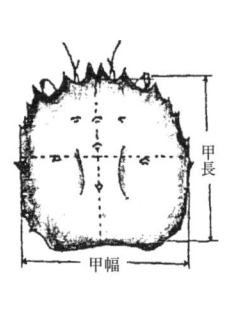

たらばがに

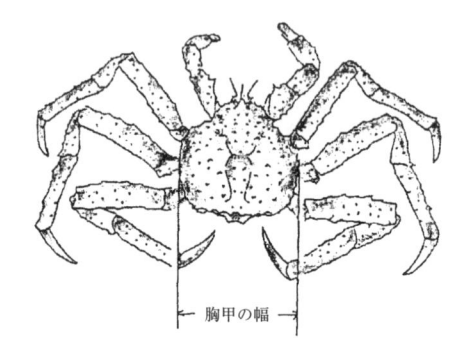

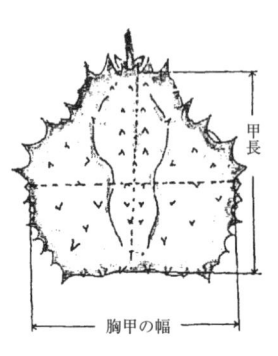

はなさきがに

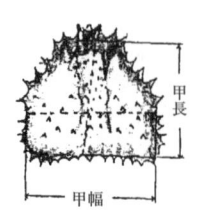

あぶらがに

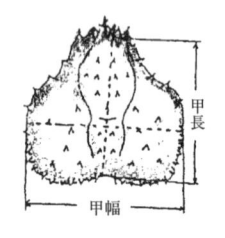

（海上警備292号）

4　気象庁風力階級表（ビューフォート風力階級表）

風力階級	名称		海面の状態	相当風速(m)	参考波高(m)
0	Calm	無風	鏡のような海面	0〜0.2 (＜1)	—
1	Light air	至軽風	うろこのような小波ができるが、波がしらに泡はない。	0.3〜1.5 (1〜3)	0.1 (0.1)
2	Light breeze	軽風	小波の小さいもので、まだ短いがはっきりしてくる。波がしらは、はっきり見え、砕けていない。	1.6〜3.3 (4〜6)	0.2 (0.3)
3	Gentle breeze	軟風	小波の大きいもの。波がしらが砕けはじめる。泡は、ガラスのように見える。ところどころ白波が現われることがある。	3.4〜5.4 (7〜8)	0.6 (1.0)
4	Moderate breeze	和風	波の小さいもので、長くなる。白波がかなり多くなる。	5.5〜7.9 (11〜16)	1.0 (1.5)
5	Fresh breeze	疾風	波の中ぐらいのもので、いっそうはっきりして長くなる。白波がたくさん現われる（しぶきを生ずることもある）。	8.0〜10.7 (17〜21)	2.0 (2.5)
6	Strong breeze	雄風	波の大きいものができはじめる。いたるところ、白く泡だった波がしろの範囲がいっそう広くなる（しぶきを生ずることが多い）。	10.8〜13.8 (22〜27)	3.0 (4.0)
7	Moderate gale	強風	波は、ますます大きくなり、波がしらが砕けてできた白い泡は、すじをひいて風下に吹き流されはじめる。	13.9〜17.1 (28〜33)	4.0 (5.5)
8	Fresh gale	疾強風	大波のやや小さいもので、長さが長くなる。波がしらの端は、砕けて水けむりとなりはじめる。泡は明りょうなすじをひいて、風下に流されはじめる。	17.2〜20.7 (34〜40)	5.5 (7.5)
9	Strong gale	大強風	大波。泡は濃いすじをひいて、風下に吹き流される。波がしらはのめり、くずれ落ち、逆巻きはじめる。しぶきのため、視程がそこなわれることもある。	20.8〜24.4 (41〜47)	7.0 (10.0)
10	Whole gale	全強風	波がしらが、長くのしかかるような非常に高い波。大きなかたまりとなった泡は、濃い白色のすじをひいて、風下に吹き流される。海面は全体として白く見える。波のくずれかたは、はげしく衝撃的になる。視程はそこなわれる。	24.5〜28.4 (48〜55)	9.0 (12.5)
11	Storm	暴風	山のような高い大波（中小船は、一時波の蔭にみえなくなることもある）。海面は、風下に吹き流された長い白色の泡のかたまりで完全におおわれる。いたるところで、波がしらの端が吹きとばされて水けむりとなる。視程はそこなわれる。	28.5〜32.6 (56〜63)	11.5 (16.0)
12	Hurricane	颶風	大気は、泡としぶきが充満する。海面は、吹きとぶしぶきのため完全に白くなる。視程は著しくそこなわれる。	3.27＜ (64＜)	14 (—)

備考　相当風速および参考波高の括弧内は、それぞれ風速毎時ノットおよびそのときのおおよその最大波高(m)を示す。

190　付　録

5　船舶の主な部分の名称（その1）

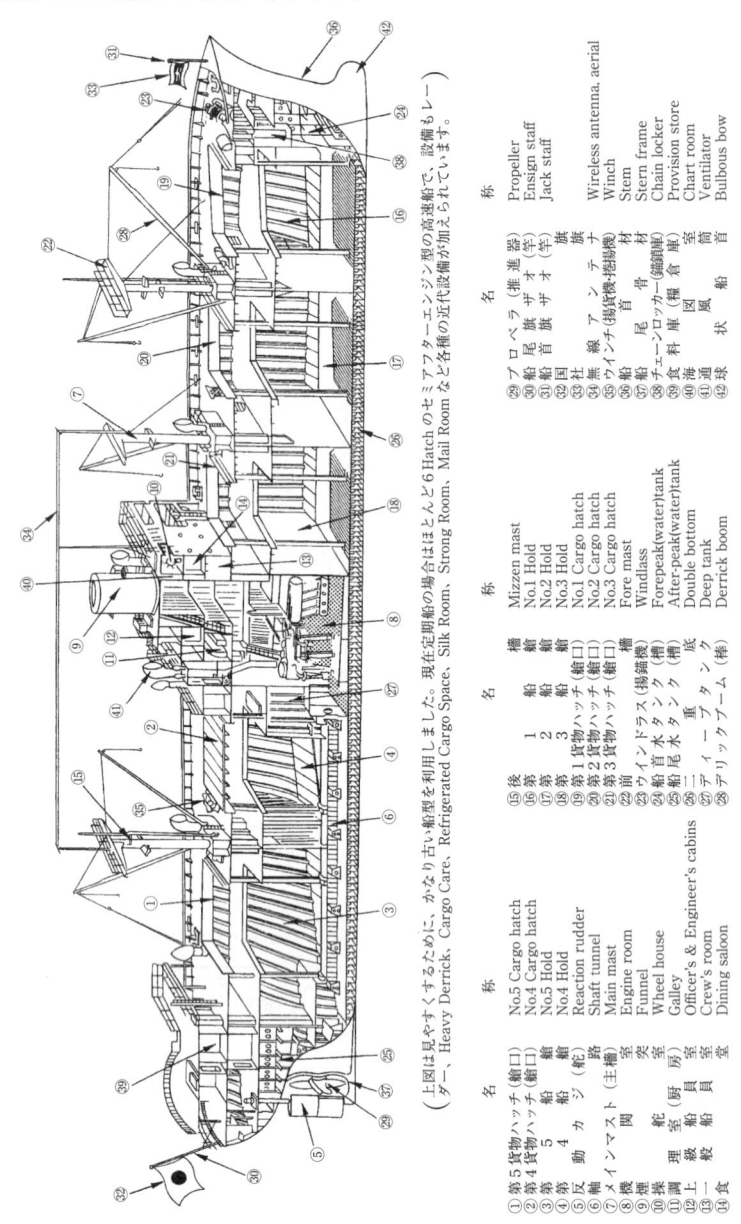

船の主な部分の名称

（上図は見やすくするために、かなり古い船型を利用しました。現在定期船の場合はほとんど6 Hatchのセミアフターエンジン型の高速船で、設備もレーダー, Heavy Derrick, Cargo Care, Refrigerated Cargo Space, Silk Room, Strong Room, Mail Room などの近代設備が加えられています。）

名　　　　称		名　　　　称		名　　　　称	
①第5貨物ハッチ（艙口）	No.5 Cargo hatch	⑮後　　　　　艙	Mizzen mast	㉙プロペラ（進進器）	Propeller
②第4貨物ハッチ（艙口）	No.4 Cargo hatch	⑯第　1　船　艙	No.1 Hold	㉚船尾旗竿（竿）	Ensign staff
③第　5　船　艙	No.5 Hold	⑰第　2　船　艙	No.2 Hold	㉛船首旗竿（竿）	Jack staff
④第　4　船　艙	No.4 Hold	⑱第　3　船　艙	No.3 Hold	㉜国　　　　　旗	
⑤反　動　カ　ジ（舵）	Reaction rudder	⑲第1貨物ハッチ（艙口）	No.1 Cargo hatch	㉝無　　　　　線	Wireless antenna, aerial
⑥軸　　　　　路	Shaft tunnel	⑳第2貨物ハッチ（艙口）	No.2 Cargo hatch	㉞ウインチ（揚貨機・揚錨機）	Winch
⑦メインマスト（主檣）	Main mast	㉑第3貨物ハッチ（艙口）	No.3 Cargo hatch	㉟船　　尾　　骨	Stern
⑧機　　関　　室	Engine room	㉒前　　　　　艙	Fore mast	㊱尾　　　　　骨	Stern frame
⑨煙　　　　　突	Funnel	㉓ウインドラス（揚錨機）	Windlass	㊲チェーンロッカー（錨倉庫）	Chain locker
⑩操　　舵　　室	Wheel house	㉔船首水タンク（槽）	Forepeak(water)tank	㊳食　　料　　庫（糧倉庫）	Provision store
⑪調　理　室（厨房）	Galley	㉕船尾水タンク（槽）	After-peak(water)tank	㊴海　　図　　室	Chart room
⑫士　　官　　室	Officer's & Engineer's cabins	㉖二　重　底	Double bottom	㊵通　　風　　筒	Ventilator
⑬一　般　船　員　室	Crew's room	㉗ディープタンク	Deep tank	㊶球　　状　　船　　首	Bulbous bow
⑭食　　　　　堂	Dining saloon	㉘デリックブーム（桿）	Derrick boom		

（三井・海と船　巻頭図面）

6 船舶の主な部分の名称（その2）

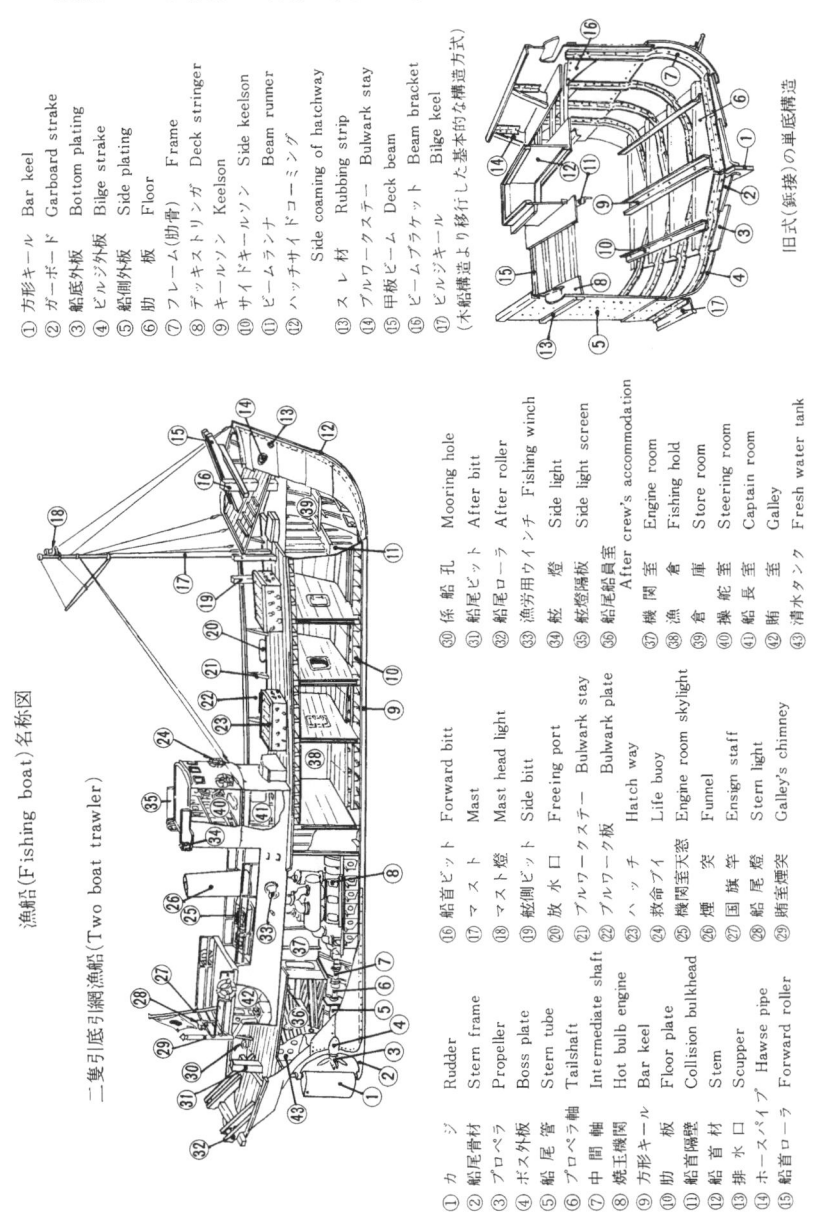

旧式（鋲接）の車底構造（木船構造より移行した基本的な構造方式）

① 方形キール　Bar keel
② ガーボード　Garboard strake
③ 船底外板　Bottom plating
④ ビルジ外板　Bilge strake
⑤ 船側外板　Side plating
⑥ 助板　Floor
⑦ フレーム（肋骨）　Frame
⑧ デッキストリンガ　Deck stringer
⑨ キールソン　Keelson
⑩ サイドキールソン　Side keelson
⑪ ビームランナ　Beam runner
⑫ ハッチサイドコーミング　Side coaming of hatchway
⑬ スレ材　Rubbing strip
⑭ ブルワークステー　Bulwark stay
⑮ 甲板ビーム　Deck beam
⑯ ビームブラケット　Beam bracket
⑰ ビルジキール　Bilge keel

漁船（Fishing boat）名称図
二隻引底引網漁船（Two boat trawler）

① カジ　Rudder
② 船尾骨材　Stern frame
③ プロペラ　Propeller
④ ボス外板　Boss plate
⑤ 船尾管　Stern tube
⑥ プロペラ軸　Tailshaft
⑦ 中間軸　Intermediate shaft
⑧ 焼玉機関　Hot bulb engine
⑨ 方形キール　Bar keel
⑩ 助板　Floor plate
⑪ 船首隔壁　Collision bulkhead
⑫ 船首材　Stem
⑬ 排水口　Scupper
⑭ ホースパイプ　Hawse pipe
⑮ 船首ローラ　Forward roller
⑯ 船首ビット　Forward bitt
⑰ マスト　Mast
⑱ マスト燈　Mast head light
⑲ 舷側ビット　Side bitt
⑳ 放水口　Freeing port
㉑ ブルワークステー　Bulwark stay
㉒ ブルワーク板　Bulwark plate
㉓ ハッチ　Hatch way
㉔ 救命ブイ　Life buoy
㉕ 機関室天窓　Engine room skylight
㉖ 煙突　Funnel
㉗ 国旗竿　Ensign staff
㉘ 船尾燈　Stern light
㉙ 賄室煙突　Galley's chimney
㉚ 係船孔　Mooring hole
㉛ 船尾ビット　After bitt
㉜ 船尾ローラ　After roller
㉝ 漁労用ウインチ　Fishing winch
㉞ 舷燈　Side light
㉟ 軟燈遮板　Side light screen
㊱ 船尾船員室　After crew's accommodation
㊲ 機関室　Engine room
㊳ 漁倉　Fishing hold
㊴ 倉庫　Store room
㊵ 操舵室　Steering room
㊶ 船長室　Captain room
㊷ 賄室　Galley
㊸ 清水タンク　Fresh water tank

（※「船体各部名称図」池田勝（海文堂出版）25ページ）

7 船舶の主な部分の名称（その3）

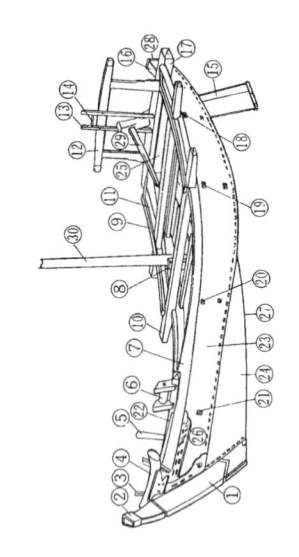

無動力漁船（和船揚操網船）

(E) 無動力漁船

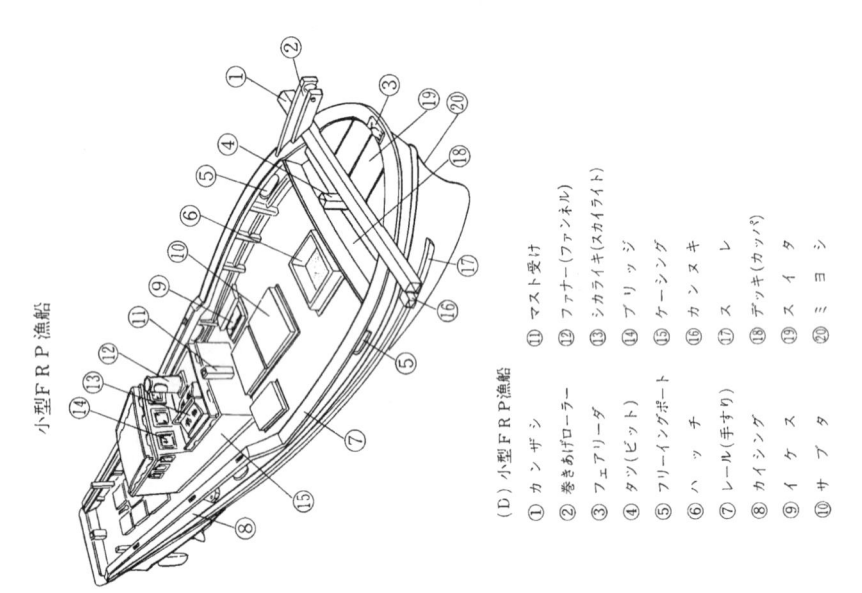

① 水押（ミヨシ）
② カブトガミ
③ 角（ツノ）
④ コブまたはモヤシ
⑤ 錨（イカリ）止メ
⑥ 錨アゲのコロ
⑦ コベリ
⑧ 筒（ツツ）
⑨ カブリ
⑩ 櫓枕（ロマクラ）
⑪ 垣（カキ）
⑫ ヨコガミ
⑬ 梶（カジ）バサミ
⑭ 矢車（梶柱を後に倒した際、梶柱をのせる後の木の事）
⑮ 梶（カジ）
⑯ シナ板
⑰ 床（船底にあって梶をとりつける梁（ハリ））
⑱ ミナオリの梁（下側は下駄とよぶ）
⑲ 勝当（または脚の間）の梁
⑳ 弥の間の梁
㉑ 二番カシヌキ
㉒ 二番の梁
㉓ 上ダナ（棚）
㉔ 加敷（カジキ）
㉕ 戸立（トダテ）
㉖ 化粧板
㉗ 敷
㉘ 千里（チリ）
㉙ 尾柄（カジツカ）
㉚ 帆柱（ホバシラ）

小型FRP漁船

(D) 小型FRP漁船

① カンザシ
② 巻きあげローラー
③ フェアリーダ
④ タン（ビット）
⑤ フリーインクボート
⑥ ヘッチ
⑦ レール（手すり）
⑧ カイシング
⑨ イケス
⑩ サブタ
⑪ マスト受け
⑫ ファンナー（ファンネル）
⑬ シカライキ（スカイライト）
⑭ ブリッジ
⑮ ケーシング
⑯ カンヌキ
⑰ スレ
⑱ デッキ（カッパ）
⑲ スイタ
⑳ ミヨシ

（※「船体各部名称図」池田勝（海文堂出版） 27ページ）

〈著者紹介〉

中尾　巧（なかお　たくみ）
　　昭和47年検事任官　法務省入国管理局長，大阪地検検事正，札幌・名古屋・大阪各高検検事長等を歴任。現在，弁護士
　　　主な著書　「検事の風韻」（立花書房），「検事はその時」（ＰＨＰ研究所），「税務訴訟入門・第4版」（商事法務）

城　祐一郎（たち　ゆういちろう）
　　昭和58年検事任官　法務総合研究所研究部長，大阪高検公安部長，大阪地検堺支部長検事等を経て，現在，最高検検事
　　　主な著書　「マネー・ローンダリング罪の理論と捜査」（立花書房），「「逃げ得」を許さない交通事件捜査（第2版）」（同），「捜査・公判のための　実務用語・略語・隠語辞典」（同），「Ｑ＆Ａ実例　取調べの実際」〔共著〕（同），「特別刑事法犯の理論と捜査〔1〕〔2〕」（同），「マネー・ロンダリング罪　捜査のすべて」（同），「Ｑ＆Ａ実例　交通事件捜査における現場の疑問」（同），「警察官のためのわかりやすい刑事訴訟法」〔共著〕（同），「盗犯捜査全書」（同）

竹中　ゆかり（たけなか　ゆかり）
　　平成4年検事任官　大阪地検検事，京都大学法科大学院教授，大阪高検検事，東京高検検事等を経て，現在，福岡高検検事
　　　主な著書　「マスター警察行政法」（立花書房）

谷口　俊男（たにぐち　としお）
　　平成元年副検事任官　元神戸区検副検事

海 事 犯 罪 ──理論と捜査──

平成22年5月20日	第1刷発行
平成28年3月20日	第7刷発行

共著者　中尾　　巧　ほか
発行者　橘　　茂　雄
発行所　立　花　書　房
東京都千代田区神田小川町3-28-2
電話（編集部）03-3291-1566
　　（営業部）03-3291-1561
FAX　　　　03-3233-2871
振替口座　00120-6-196337
http://tachibanashobo.co.jp

Ⓒ2010　T. Nakao　　　　　（印刷・製本）明和印刷
乱丁・落丁の際は本社でお取り替えいたします。
ISBN978-4-8037-4252-7　C3032